高等职业教育土建专业系列教材

U0303825

建筑施工实训

（第二版）

主　编　张　燕　张　军
副主编　赵邦林　黄玲玲　李永生
　　　　陶玉鹏　石亚勇
主　审　张苏俊

南京大学出版社

图书在版编目(CIP)数据

建筑施工实训 / 张燕,张军主编. —2 版. —南京:
南京大学出版社,2021.6
ISBN 978-7-305-24116-1

Ⅰ.①建… Ⅱ.①张… ②张… Ⅲ.①建筑工程—工
程施工—高等职业教育—教材 Ⅳ.①TU74

中国版本图书馆 CIP 数据核字(2020)第 265611 号

出版发行　南京大学出版社
社　　址　南京市汉口路 22 号　　　邮　　编　210093
出 版 人　金鑫荣

书　　名　**建筑施工实训**
主　　编　张　燕　张　军
责任编辑　朱彦霖　　　　　　　　编辑热线　025-83597482

照　　排　南京开卷传媒文化有限公司
印　　刷　南京玉河印刷厂
开　　本　787×1092　1/16　印张 12.5　字数 328 千
版　　次　2021 年 6 月第 2 版　2021 年 6 月第 1 次印刷
ISBN 978-7-305-24116-1
定　　价　35.00 元

网　　址:http://www.njupco.com
官方微博:http://weibo.com/njupco
官方微信号:njutumu
销售咨询热线:(025)83594756

第二版前言

本书借鉴前沿的职业教育理念,针对建筑行业技术人才培养目标,结合中国建筑工程市场发展实际编写而成。施工专项实训可以拓展学生专业实战能力,摆脱理论与实践脱离的情况,实现教与学、学与做的紧密结合,达到培养理论扎实,操作、指挥实际能力经验丰富,能解决施工实际问题,适应建筑市场需要的全能型技术人才。

通过施工项目的实训,以理论与实践相结合为导向的行动教学过程,帮助学员更好地理解和掌握以行动为导向的工作步骤是有机联系的。通过这种教学方法使学生拥有更多学习空间,巩固、深化已学过的专业理论知识,强化实际工作的基本技能训练和培养学生分析问题、解决问题的能力。

本书是针对砌筑工、抹灰工、钢筋工、模板工和架子工的工种实训教程。内容涉及各工种的工作对象和手段、实训环境和条件、劳动工具和设备、建筑材料和场地、施工技术和规范、操作技能和工艺、检验标准和方法等。

本书共分 8 个项目,各项目具体内容如下:

项目 1 介绍了建筑施工实训的目的和基本要求、建筑施工实训的组织管理以及考核评定、建筑施工实训课程学习方法。

项目 2 介绍了职业道德的涵义、本质、特征、作用,以及职业安全的危害因素、职业安全事故的防范安全检查。可使同学们了解建筑施工实训安全生产中的基本职业道德及安全要求。

项目 3 介绍了模板体系在制作、安装等一系列过程中的构造要求,模板体系设计的基本原理和基本方法,模板安装顺序和方法,现浇混凝土结构模板工程的质量检验以及相应的质量通病防治。

项目 4 介绍了混凝土结构施工图的识读;钢筋加工;钢筋配料计算;钢筋代换的原则、代换注意事项、代换计算力;钢筋的施工工艺及技术要求。通过本项目的学习学生应具有钢筋现场加工、绑扎及安装施工的组织能力。

项目 5 介绍了砌筑工程常用材料、砌筑工具与设备、砖砌体的组砌方式和砌筑基本操作方法、砌体的质量技术要求和保证措施、常见的质量问题及其防治措施等。砌筑工工种操作训练以实际应用为主,重在培养学生的实际操作能力。

项目 6 介绍了抹灰工工种的理论知识以及施工工艺,掌握抹灰工工种的质量标准以及注意事项,掌握一般抹灰工程的质量检验以及相应的质量通病防治。

项目 7 介绍了脚手架的种类、组成,各种脚手架的施工技术措施要点以及脚手架的计算方法等。

项目 8 为综合实训题。

本书由扬州工业职业技术学院张燕编写项目 1、项目 2,扬州工业职业技术学院李永生编写项目 3,扬州工业职业技术学院黄玲玲编写项目 4 和附录部分,扬州工业职业技术学院石亚勇编写项目 5,扬州工业职业技术学院赵邦林编写项目 6,扬州工业职业技术学院张军编写项目 7,扬州工业职业技术学院陶玉鹏编写项目 8。本教材由张燕和张军担任主编,由赵邦林、黄玲玲、李永生、陶玉鹏、石亚勇担任副主编,张苏俊对本书进行了审定。在教材编写过程中,参考了许多专家、学者的研究成果,在此表示感谢。

本书通俗易懂,操作性、实用性强,可供砌筑工长、砌体工程施工技术人员、现场管理人员以及相关专业大中专院校及职业学校的师生学习参考。希望本书对施工一线的人员及广大读者能有所帮助。由于编者的经验和学识有限,尽管在编写过程中反复推敲核实,但仍不免有疏漏之处,恳请广大读者提出宝贵意见,以便做进一步修改和完善。

编者

2021 年 3 月

目　录

项目1　建筑施工实训概论 ··· 1

　1.1　建筑施工实训的目的和基本要求 ································· 1

　　1.1.1　建筑施工实训的目的 ······································ 1

　　1.1.2　建筑施工实训的基本要求 ·································· 2

　1.2　建筑施工实训的组织管理以及考核评定 ······················· 2

　　1.2.1　建筑施工实训的组织管理 ·································· 2

　　1.2.2　建筑施工实训的考核评定 ·································· 3

　1.3　建筑施工实训课程学习方法 ····································· 4

项目2　职业道德与安全保护 ··· 6

　2.1　职业道德 ··· 6

　　2.1.1　职业道德的涵义 ·· 6

　　2.1.2　职业道德的本质 ·· 7

　　2.1.3　职业道德的特征 ·· 8

　　2.1.4　职业道德的作用 ·· 8

　　2.1.5　职业道德的基本要求 ······································ 9

　　2.1.6　职业道德修养 ··· 10

　2.2　职业安全管理 ·· 10

　　2.2.1　职业健康安全的基本概念 ································· 10

　　2.2.2　我国的职业健康安全方针 ································· 11

　　2.2.3　危险、危害因素产生的根源 ······························ 11

　　2.2.4　职业安全事故防范 ······································· 12

　　2.2.5　建筑工程安全检查 ······································· 13

　2.3　建筑施工实训安全生产的基本要求 ····························· 15

　　2.3.1　建筑施工实训安全生产对指导小组的要求 ················· 15

　　2.3.2　建筑施工实训对学生的要求 ······························ 16

项目3　模板工工种实训 ·· 17

　3.1　模板的基本概念 ·· 17

　　3.1.1　模板的材质要求 ··· 17

  3.1.2 模板制作工具 ································· 17
  3.1.3 模板存放要求 ································· 18
3.2 模板工程的受力计算 ································· 18
  3.2.1 模板工程受力计算步骤 ························· 18
  3.2.2 模板工程受力计算内容 ························· 20
3.3 模板制作、安装与拆除 ····························· 21
  3.3.1 模板工程技术交底 ····························· 21
  3.3.2 模板工程安装方法 ····························· 22
  3.3.3 模板拆除期限 ································· 27
3.4 模板的质量检验 ··································· 27
  3.4.1 模板工程验收流程图 ··························· 27
  3.4.2 模板工程施工验收依据 ························· 28
3.5 模板工程的安全措施 ······························· 31
  3.5.1 木模板加工制作安全操作规程 ··················· 31
  3.5.2 模板工程安装的安全措施 ······················· 32
3.6 模板的质量通病及防治措施 ························· 33
  3.6.1 跑模 ··· 33
  3.6.2 胀模 ··· 33
  3.6.3 混凝土层隙或夹渣 ····························· 34
3.7 模板工工种实训操作题 ····························· 34
  3.7.1 实训的教学目的与基本要求 ····················· 34
  3.7.2 实训任务 ····································· 34
  3.7.3 实训工具和材料准备 ··························· 35
  3.7.4 实训步骤 ····································· 35
  3.7.5 实训上交材料以及成绩评定 ····················· 36

项目 4 钢筋工工种实训 ································· 38

4.1 结构施工图识读 ··································· 38
  4.1.1 钢筋混凝土结构施工图的识读 ··················· 38
  4.1.2 钢筋混凝土框架结构施工图 ····················· 39
  4.1.3 钢筋混凝土楼板结构施工图 ····················· 42
4.2 料具准备 ······································· 43
  4.2.1 钢筋的进场程序 ······························· 43
  4.2.2 钢筋原材料的验收 ····························· 43
  4.2.3 钢筋的检验 ··································· 44
  4.2.4 钢筋力学性能检验的试验制备长度 ················· 45
  4.2.5 钢预应力混凝土施工机具知识 ··················· 47
4.3 钢筋配料 ······································· 60
  4.3.1 钢筋放大样图 ································· 60

　　　4.3.2　钢筋配料单 ·· 61

　　　4.3.3　钢筋下料长度计算 ······························· 63

　　　4.3.4　钢筋配料技能训练 ······························· 71

　　4.4　钢筋代换 ·· 77

　　　4.4.1　代换原则 ··· 77

　　　4.4.2　代换注意事项 ··· 77

　　　4.4.3　构件截面的有效高度影响 ····················· 78

　　　4.4.4　钢筋代换计算(等强度代换方法) ············ 78

　　4.5　钢筋加工 ·· 82

　　　4.5.1　钢筋加工制作 ··· 82

　　　4.5.2　钢筋的连接 ·· 83

　　　4.5.3　钢筋加工机械 ··· 86

　　　4.5.4　钢筋绑扎的准备工作 ······························ 89

　　　4.5.5　钢筋绑扎的要求 ······································ 90

　　　4.5.6　钢筋检查 ··· 91

　　　4.5.7　混凝土施工过程中的注意事项 ················ 91

　　4.6　钢筋工程的检查与常见问题 ························ 91

　　　4.6.1　钢筋工程的质量检查 ······························ 91

　　　4.6.2　常见质量通病与防治工作 ······················· 92

　　4.7　钢筋工工种实训操作题 ······························ 96

　　　4.7.1　实训的教学目的与基本要求 ··················· 96

　　　4.7.2　实训任务 ··· 97

　　　4.7.3　实训工具和材料准备 ······························ 97

　　　4.7.4　实训步骤 ··· 98

　　　4.7.5　实训上交材料以及成绩评定 ··················· 98

项目5　砌筑工工种实训 ··· 100

　5.1　砌筑工基础知识 ·· 100

　5.2　砌筑工程常用材料、工具与设备 ··················· 100

　　　5.2.1　砖 ··· 100

　　　5.2.2　水泥 ·· 101

　　　5.2.3　砂 ··· 102

　　　5.2.4　砂浆 ·· 102

　　　5.2.5　砌体工程用材料其他说明 ······················· 103

　　　5.2.6　砌筑工具与设备 ······································ 104

　5.3　砖砌体的组砌方式和砌筑基本操作步骤 ········· 105

　　　5.3.1　砖砌体的组砌方式 ·································· 105

　　　5.3.2　砌体的组砌原则 ······································ 107

5.3.3   砌体的砌筑方法 ·· 108

5.3.4   砌体的基本操作步骤 ·· 110

5.4   砌体的质量技术要求 ··· 113

5.4.1   砌体的质量技术基本要求 ·································· 113

5.4.2   不同砌体材料的施工质量技术要求 ···················· 116

5.4.3   砌体材料的施工质量检验 ·································· 120

5.4.4   砌体工程冬期施工质量检验 ······························ 127

5.4.5   常见的质量问题及其防治措施 ··························· 129

5.5   砌筑工工种实训操作题 ·· 130

5.5.1   实训的教学目的与基本要求 ······························ 130

5.5.2   实训任务 ··· 130

5.5.3   实训工具和材料准备 ·· 130

5.5.4   实训步骤 ··· 131

5.5.5   实训上交材料以及成绩评定 ······························ 131

项目 6   抹灰工工种实训 ·· 133

6.1   抹灰工的基本概念 ·· 133

6.1.1   抹灰的定义 ·· 133

6.1.2   抹灰的分类以及组成 ·· 133

6.2   一般抹灰材料以及工具 ·· 134

6.2.1   抹灰砂浆的材料 ·· 134

6.2.2   一般抹灰砂浆的配制 ·· 135

6.2.3   抹灰工程用工机具 ··· 137

6.3   抹灰工程基本操作步骤 ·· 139

6.3.1   内墙一般抹灰 ··· 139

6.3.2   外墙一般抹灰以及顶棚抹灰 ······························ 141

6.3.3   装饰抹灰 ··· 141

6.4   抹灰工程质量技术要求 ·· 145

6.4.1   一般抹灰质量技术要求 ····································· 145

6.4.2   抹灰工程冬期施工质量技术措施 ························· 149

6.4.3   抹灰工程的安全措施以及成品保护 ····················· 150

6.4.4   常见质量问题以及防治措施 ······························ 151

6.5   抹灰工工种实训操作题 ·· 152

6.5.1   实训的教学目的与基本要求 ······························ 152

6.5.2   实训任务 ··· 152

　　6.5.3　实训工具和材料准备 ·············· 152

　　6.5.4　实训步骤 ·············· 153

　　6.5.5　实训上交材料以及成绩评定 ·············· 153

项目7　架子工工种实训 ·············· 156

　7.1　脚手架的基本概念 ·············· 156

　7.2　脚手架的类型以及组成 ·············· 156

　　7.2.1　脚手架的类型 ·············· 156

　　7.2.2　脚手架的组成 ·············· 157

　7.3　架子工工种施工的技术措施 ·············· 158

　　7.3.1　扣件式钢管脚手架施工技术措施 ·············· 158

　　7.3.2　悬挑脚手架施工技术措施 ·············· 162

　　7.3.3　附着式升降脚手架施工技术措施 ·············· 164

　　7.3.4　吊篮脚手架施工技术措施 ·············· 165

　　7.3.5　碗扣式钢管脚手架施工技术措施 ·············· 166

　7.4　架子工工种施工质量技术要求以及安全措施 ·············· 167

　　7.4.1　架子工工种施工质量检查验收时间 ·············· 167

　　7.4.2　架子工工种施工质量技术要求 ·············· 167

　　7.4.3　架子工工种施工安全措施 ·············· 169

　7.5　脚手架的计算方法 ·············· 171

　　7.5.1　脚手架方案选择 ·············· 171

　　7.5.2　脚手架计算方法 ·············· 172

　7.6　模板工工种实训操作题 ·············· 172

　　7.6.1　实训的教学目的与基本要求 ·············· 172

　　7.6.2　实训任务 ·············· 172

　　7.6.3　实训工具和材料准备 ·············· 173

　　7.6.4　实训步骤 ·············· 173

　　7.6.5　实训上交材料以及成绩评定 ·············· 174

项目8　建筑施工实训综合实训题 ·············· 176

　8.1　选题一：操作台操作 ·············· 176

　　8.1.1　实训的教学目的与基本要求 ·············· 176

　　8.1.2　实训任务 ·············· 176

　　8.1.3　实训工具和材料准备 ·············· 176

　　8.1.4　实训步骤 ·············· 178

8.1.5　实训上交材料以及成绩评定 ……………………………………… 178

8.2　选题二:楼梯板制作 …………………………………………………… 178

8.2.1　实训的教学目的与基本要求 ……………………………………… 178

8.2.2　实训任务 …………………………………………………………… 178

8.2.3　实训工具和材料准备 ……………………………………………… 179

8.2.4　实训步骤 …………………………………………………………… 179

8.2.5　实训上交材料以及成绩评定 ……………………………………… 180

8.3　选题三:钢筋混凝土墙板制作 ………………………………………… 180

8.3.1　实训的教学目的与基本要求 ……………………………………… 180

8.3.2　实训任务 …………………………………………………………… 180

8.3.3　实训工具和材料准备 ……………………………………………… 181

8.3.4　实训步骤 …………………………………………………………… 181

8.3.5　实训上交材料以及成绩评定 ……………………………………… 181

附表 ……………………………………………………………………………… 182

附表 1　材料、设备进场使用报验单 ………………………………………… 182

附表 2　扣件式钢管脚手架验收表 …………………………………………… 183

附表 3　施工现场质量管理检查记录表 ……………………………………… 185

附表 4　模板工程检验批质量验收记录 ……………………………………… 186

附表 5　砖砌体工程检验批质量验收记录 …………………………………… 187

附表 6　一般抹灰工程检验批质量验收记录 ………………………………… 188

参考文献 ………………………………………………………………………… 189

项目1 建筑施工实训概论

项目重点

建筑施工实训是高等职业教育建筑工程技术专业实训技能培训的重要组成部分。本章主要介绍了建筑施工实训的目的和基本要求、建筑施工实训的组织管理以及考核评定、建筑施工实训课程学习方法。

1.1 建筑施工实训的目的和基本要求

建筑业是我国国民经济的支柱产业,随着我国经济的振兴和改革的深入,建筑业的高速发展,在国民经济中的地位和作用日益突出。与此同时,我国建筑施工队伍也急剧扩大,而生产一线的基层技术管理人员及技术工作人员的素质不能完全适应施工企业生产的需要。为了适应建筑业发展的新形势以及建筑施工管理技术的新动向,提高建筑队伍的素质,特别是生产一线的管理技术人员的整体素质,大力发展以职业技能培训为基础的高等职业教育开辟重要途径。世界经济发达国家和我国经济发展的实践证明,职业教育的发展规模和水平直接影响社会各企业的产品质量、本身的经济效益和发展的速度。

高等职业教育建筑工程技术专业实训技能培训的目标是为建筑行业培养生产第一线的,具有一定专业理论知识、较强的实践能力和技术组织管理能力的实用型、应用型高级专门人才。建筑工程技术实训技能培训主要以建筑施工工种实训为主,主要包含的工种有钢筋工、砌筑工、抹灰工、模板工、混凝土工、架子工、电焊工等,它是学生进行实践技能训练的重要手段,是培养学生技术、组织管理工作的重要基础,是学生获得实际操作技能、技术管理技能,实际工作经验和动手能力的一个重要课程。

1.1.1 建筑施工实训的目的

建筑施工工种实训按照已有的施工工艺和质量控制要求,通过各工种的实际操作完成相应的实训任务,其主要目的有:

(1) 通过实训技能培训,培养学生理论联系实际的能力。理论联系实际能力的培养,要贯穿于各个教学阶段,特别是要通过一定的实践技能培训,验证、巩固并扩展学生的理论知识,使学生具有运用理论知识解决实际问题的能力,并为更好地学习有关专业课打下良好的基础。

(2) 培养学生综合运用所学专业知识和所掌握的实践技能进行实际工作的能力。

(3) 培养从事实际工作所必需的基本实际操作技能。高等职业教育建筑工程技术专业的学生必须掌握一定的实际操作技能,如砌筑工、模板工、钢筋工、架子工等主要工种的操作技能,要求操作技能必须达到一定的熟练程度,形成初步的技术经验。

(4)通过参加主要工种的生产劳动,使学生获得一定的感性认识,同时使学生在劳动中得到锻炼,增强劳动观念。

(5)在培养训练技能的实践性教学中,还必须注重学生精神文明的培养和身体素质的提高。

1.1.2　建筑施工实训的基本要求

建筑行业是一个特殊的行业,建筑生产过程也包含着各种各样的不确定因素。建筑施工实训的教学实施也有它自身的特殊性。

(1)学生实训内容的基本要求如下:

① 砌筑工:初步掌握砌体施工的砌筑方法,学会使用砌筑工具,明确施工中的各项要求和质量标准。

② 抹灰工:初步掌握一般抹灰的操作要领,明确施工中的各项要求和质量标准。

③ 模板工:初步掌握钢模或木模的安装主导拆模的操作要领,明确施工中各项要求和质量标准,了解模板工的基本操作要领。

④ 钢筋工:初步掌握钢筋下料、成型和绑扎的操作要领,明确施工中各项要求和质量标准,了解钢筋连接的工艺。

⑤ 架子工:初步掌握脚手架的类型、布置以及脚手架的相关技术措施等,通过架子工专项实训,了解脚手架施工工艺以及掌握相应的施工与管理能力。

(2)建筑施工实训的项目任务以及材料使用要合理。建筑施工实训必然会产生一定数量的建筑垃圾,为此在进行实训教学时应尽量做到节省以及材料的循环使用,项目任务的设计既要考虑到工程实践的要求,又要考虑到教学自身的特殊性,不同工种的实训项目任务设计要有良好的衔接性;实训项目的材料要注意循环使用,不考虑不易拆卸的建筑材料。

(3)建筑施工实训对教学场地有一定的要求。实训基地(场地)要符合实训项目实施的要求,实训空间要做好平面布置,根据各工种实训要求,布置实训材料区、机械设备区、材料加工区、人员流动区、成品堆放区、技能考核区、办公区等。

1.2　建筑施工实训的组织管理以及考核评定

1.2.1　建筑施工实训的组织管理

建筑施工实训的教学是一个实践性很强的教学项目,它的教学组织管理不同于普通的教学组织管理,建筑施工实训的组织管理具有一定的生产管理的性质,因此要加以足够的重视。建筑施工实训教学应做到以下几点:

(1)由院系部领导、实训指导教师、实训班班主任组成实训领导小组,全面负责实训实施工作。实训领导小组的职责主要有:

① 全面负责与协调实训教学工作。

② 进行现场教学以及实训内容的具体指导,发现问题及时解决。

③ 实训期间学生的实训动员、精神文明教育和劳动安全教育。

④ 学生实习成绩评定及考核。

⑤ 请销假的审批。

（2）以班级为单位，班长全面负责，下设若干个小组（以 5～8 人为一组），各组设组长一名。组长的职责主要有：

① 负责本组的日常事务。

② 负责本组的考勤（集合）工作。

③ 协助指导教师做好学生思想教育工作。

④ 负责本组成员的安全。

（3）学生在建筑施工实训期间应有一定的纪律性，应做到：

① 要明确实训的目的和意义，重视并积极自觉地参加实训。

② 服从指导教师的安排，同时必须服从本组组长的安排和指挥；不得与指导老师、组长发生争执。

③ 应牢牢树立自我保护和安全防患意识，严格遵守实训工作的各项规章制度，严格遵守操作规程，戴好安全用品，学生个人不得私自操作或单独活动，违章操作造成的一切后果自负。

④ 在实习期间，学生应发扬“三不怕”即不怕苦、不怕累、不怕脏的劳动精神，克服懒惰思想，主动勤恳，敬业爱岗，认真负责，不耻下问，虚心听取企业师傅及实习指导老师的意见和指导。

⑤ 小组成员应团结一致，互相督促、相互帮助；人人动手，共同完成任务。

⑥ 实习期间一律不得喝酒、打架、闹事，违规者按学校有关规定执行，实训成绩定位不合格。

⑦ 实训期间着装必须符合规定，如有着装不符合实训规定的，不允许参加实训。

⑧ 实训期间原则上不得请假，应按时参加实训，不迟到早退。确有特殊原因，需向实习指导教师请假，凡请假者，必须履行请假手续，不得口头请假。

（4）在实训过程中，学生应按实训指导书上的要求达到实训的目的。学生必须每天编写实训日记，实训日记应记录当天的实训内容、必要的技术资料以及学到的知识，实训日记要求当天完成，除有正当理由外，不允许迟交，字数不少于 300 字，下晚自习前由各组组长收集、检查、汇总，于第二天上午上交实训指导老师。

（5）实训过程结束后两天内，学生必须上交实训总结。实训总结应包括实训内容、技术总结、实训体会等方面的内容，要求字数不少于 2000 字。

（6）学生每天实训前，在“实训工作日志”上签到，组长每天在“实训情况”栏中记录自己小组当天的实训内容、实训情况，并在“小结”栏中对自己小组当天的实训情况作简单总结。指导老师应填写当天的教学日志，记录当天的指导内容、存在的问题以及解决问题的措施。

1.2.2　建筑施工实训的考核评定

建筑施工实训的成绩考核按五级分制评定，分为优、良、中、及格、不及格，单独记入成绩册。

（1）建筑施工实训的成绩由以下 5 个部分组成：

① 各工种的成绩：主要是各工种实训指导老师对学生在工种实训期间掌握工艺操作要领和技能的评定。

② 施工实训期间的平时表现：主要是对劳动态度、纪律和安全等方面的评定。

③ 施工实训日记成绩：主要是写实训日记的认真度，实训日记的真实性与完整性，也从某一方面体现了学生对施工实训的态度。

④ 施工实训报告成绩：主要是对施工实训的感想、体会以及相关知识的技术总结。

⑤ 笔试或口试成绩：由教师对学生进行各工种基本知识、现场参观与教学等内容的测验。

以上第①、②项成绩为平时表现与考勤成绩，先由各工种实训指导老师评定，最后由带队教师综合评定，第③、④、⑤项及总评成绩由带队教师评定。

每个班的建筑施工实训不少于 2 名教师带队，教师负责施工实训全过程的组织工作（包括施工实训准备、各工种人员的分配与轮换、现场教学、实习日记和实习报告的批改、写鉴定以及综合成绩的评定等）。

（2）成绩考核与评定表见各章节。

（3）施工实训成绩不及格者必须在毕业前补行实习，否则不能毕业。

1.3　建筑施工实训课程学习方法

高职培养的是技术应用型人才，其中实训教学是一个重要的环节。目前的一些实训做法并不适应岗位要求，具体表现为学生的技能训练单一，不注重学生获取技能的过程，仅看结果来判断学生的能力；在教学中缺乏尝试与探索，学生学会的大多是模仿实训指导教师的操作动作。

为此，在建筑施工实训课程的教与学过程中应该做到以下几点：

（1）要构建完整的、与理论教学进程和培养技能相符的实践教学计划。确保点（针对某一技能的专项训练）、线（技能培养过程）、面（课程实验实训环节）连续性，与理论教学兼具相关性和相对独立性。

（2）规范操作，激发学生的学习潜能，在建筑施工实训学习前，组织学生到建筑施工企业参观工人有序的生产过程。

（3）把学生推到教学的主体位置，逐步由学生来选择实训内容，制定实训方法与步骤，处理和分析实训结果、数据；教师的主要任务应逐步转变为给学生提供指导，解答实训中出现的各种问题。

（4）实践教学的组织和实施要有一定的真实性，效果尽可能接近生产实际状况。确保基础技能实践环节，努力提高扩展技能和拓展技能实践环节，努力打破仅限于感性认识和简单模仿的传统实践教学模式。

（5）走产学研建设之路，充分利用社会各类企业的教育资源，在互惠互利的基础上为实践教学开辟新的途径。

（6）提高实训技术人员和管理人员的素质，提高为学生服务的水平和设备利用率。

课后思考题

1. 建筑施工实训教学的主要目的是什么？
2. 建筑施工实训教学对于实训场所的要求是什么？
3. 建筑施工实训教学中小组组长的职责是什么？
4. 建筑施工实训课程教与学的方法有哪些？

项目 2   职业道德与安全保护

项目重点

本章主要介绍了职业道德的涵义、本质、特征、作用,以及职业安全的危害因素、职业安全事故的防范以及安全检查。可使同学们了解建筑施工实训安全生产中的基本职业道德以及安全要求。

2.1   职业道德

每一项职业都是神圣的,每个从业人员,不论是从事哪种职业,在职业活动中均要遵守道德。如教师要遵守教书育人、为人师表的职业道德,医生要遵守救死扶伤的职业道德等等。从某种程度上讲,职业道德不仅是从业人员在职业活动中的行为标准和要求,而且是本行业对社会所承担的道德责任和义务。职业道德是社会道德在职业生活中的具体化。

2.1.1   职业道德的涵义

职业道德是指人们在一定范围内所必须遵守与其行业相适应的行为规范,是人们在进行职业活动过程中,一切符合职业要求的心理意识、行为准则和行为规范的总和。

从内容方面来看,职业道德总是要鲜明地表达职业义务、职业责任以及职业行为上的道德准则。它不是一般地反映社会道德和阶级道德的要求,而是要反映职业、行业乃至产业特殊利益的要求;它不是在一般意义上的社会实践基础上形成的,而是在特定的职业实践的基础上形成的,因而它往往表现为某一职业特有的道德传统和道德习惯,表现为从事某一职业的人们所特有的道德心理和道德品质,甚至造成从事不同职业的人们在道德品貌上的差异。

从表现形式方面来看,职业道德往往比较具体、灵活、多样。它总是从本职业的交流活动的实际出发,采用制度、守则、公约、承诺、誓言、条例,以及标语口号之类的形式,这些灵活的形式既易于为从业人员所接受和实行,也易于形成一种职业的道德习惯。

从调节的范围来看,职业道德一方面是用来调节从业人员内部关系,加强职业、行业内部人员的凝聚力;另一方面,它也是用来调节从业人员与其服务对象之间的关系,用来塑造本职业从业人员的形象。

从产生的效果来看,职业道德既能使一定的社会或阶级的道德原则和规范"职业化",又使个人道德品质"成熟化"。职业道德虽然是在特定的职业生活中形成的,但其绝不是离开阶级道德或社会道德而独立存在的道德类型。在阶级社会里,职业道德始终是在阶级道德和社会道德的制约和影响下存在和发展的;职业道德与阶级道德或社会道德之间的关系,就是特殊与一般、个性与共性之间的关系。任何一种形式的职业道德,都在不同程度上体现着阶级道德或社会道德的要求。同样,阶级道德或社会道德,在很大范围上都是通过具体的职业道德形式表现出来的。同时,职业道德主要表现在实际从事一定职业的成人的意识和行为中,是道德意识和道德行为成熟的阶段。职业道德与各种职业要求和职业生活结合,具有较强的稳定性和连续性,形成比较稳定的职业心理和职业习惯,以致在很大程度上改变人们在学校生活阶段和少年生活阶段所形成的品行,影响道德主体的道德风貌。

职业道德的含义可以概括为以下八个方面:

(1)职业道德是一种职业规范,受社会普遍的认可。

(2)职业道德是长期以来自然形成的。

(3)职业道德没有确定形式,通常体现为观念、习惯、信念等。

(4)职业道德依靠文化、内心信念和习惯,通过员工的自律实现。

(5)职业道德大多没有实质的约束力和强制力。

(6)职业道德的主要内容是对员工义务的要求。

(7)职业道德标准多元化,代表了不同企业可能具有不同的价值观。

(8)职业道德承载着企业文化和凝聚力,影响深远。每个从业人,不论是从事哪种职业,在职业活动中都要遵守道德。

2.1.2　职业道德的本质

(1)职业道德是生产发展和社会分工的产物。

自从人类社会出现了农业和畜牧业、手工业的分离,以及商业的独立,社会分工就逐渐成为普遍的社会现象。由于社会分工,人类的生产就必须通过各行业的职业劳动来实现。随着生产发展的需要和科学技术的不断进步,社会分工越来越细。

分工不仅没有把人们的活动分成彼此不相联系的独立活动,反而使人们的社会联系日益加强,人与人之间的关系越来越紧密,越来越扩大,经过无数次的分化与组合,形成了今天社会生活中的各种各样的职业,并形成了人们之间错综复杂的职业关系。这种与职业相关联的特殊的社会关系,需要有与之相适应的特殊的道德规范来调整。

(2)职业道德是人们在职业实践活动中形成的规范。

人们对自然、社会的认识,依赖于实践,正是由于人们在各种各样的职业活动实践中,逐渐地认识人与人之间、个人与社会之间的道德关系,从而形成了与职业实践活动相联系的特殊的道德心理、道德观念、道德标准。由此可见,职业道德是随着职业的出现以及人们的职业生活实践形成和发展起来的,有了职业就有了职业道德,出现一种职业就随之有了关于这种职业的道德。

(3)职业道德是职业活动的客观要求。职业活动是人们由于特定的社会分工而从事的具有专门业务和特定职责,并以此作为主要生活来源的社会活动。它集中地体现着社会关系的三大要素——责、权、利。

其一,每种职业都意味着承担一定的社会责任,即职责。

其二,每种职业都意味着享有一定的社会权力,即职权。

其三,每种职业都体现和处理着一定的利益关系,职业劳动既是为社会创造经济、文化效益的主渠道,也是个人主要的谋生手段。

（4）职业道德是由社会经济关系决定的特殊社会意识形态。

职业道德虽然是在特定的职业生活中形成的，但它作为一种社会意识形态，则深深根植于社会经济关系之中，取决于社会经济关系的性质，并随着社会经济关系的变化而发展着。

在人类历史上，社会的经济关系归根到底只有两种形式，一种是以生产资料私有制为基础的经济结构，一种是以生产资料公有制为基础的经济结构。与这两种经济结构相适应也有两种不同类型的职业道德，以公有制为基础的社会主义的职业道德与私有制条件下的各种职业道德有着根本性的区别。

2.1.3　职业道德的特征

它往往表现为某一职业特有的道德传统和道德习惯，表现为从事某一职业的人们所特有的道德心理和道德品质，甚至造成从事不同职业的人们在道德品貌上的差异。如人们常说，某人有"军人作风""工人性格""农民意识""学生味""学究气""商人习气"等。

（1）职业性。职业道德的内容与职业实践活动紧密相连，反映着特定职业活动对从业人员行为的道德要求。每一种职业道德都只能规范本行业从业人员的职业行为，在特定的职业范围内发挥作用。

（2）实践性。职业行为过程，就是职业实践过程，只有在实践过程中，才能体现出职业道德的水准。职业道德的作用是调整职业关系，对从业人员职业活动的具体行为进行规范，解决现实生活中的具体道德冲突。

（3）继承性。在长期实践过程中形成的，会被作为经验和传统继承下来。即使在不同的社会经济发展阶段，同样一种职业因服务对象、服务手段、职业利益、职业责任和义务相对稳定，职业行为的道德要求的核心内容将被继承和发扬，从而形成了被不同社会发展阶段普遍认同的职业道德规范。

（4）具有多样性。不同的行业和不同的职业有不同的职业道德标准。

2.1.4　职业道德的作用

职业道德是社会道德体系的重要组成部分，它一方面具有社会道德的一般作用，另一方面它又具有自身的特殊作用，具体表现在：

（1）职业道德对人自身的发展的作用。

① 人总是要在一定的职业中工作生活。职业是人谋生的手段；从事一定的职业是人的需求；职业活动是人全面发展的重要条件。

② 职业道德是事业成功的保证。没有职业道德的人干不好任何工作；职业道德是人事业成功的重要条件。

③ 职业道德是人格的一面镜子。人的职业道德品质反映着人的整体道德素质；人的职业道德的提高有利于人的思想道德素质的全面提高；提高职业道德水平是人格升华的重要的途径。

（2）职业道德与企业的发展。

① 职业道德是企业文化的重要组成部分。

② 职业道德是增强企业凝聚力的手段。企业是具有社会性的经济组织，在企业内部存在着各种复杂的关系。这些关系既有相互协调的一面，也有矛盾冲突的一面，如果解决不

好,将会影响企业的凝聚力。这就要求企业所有的员工都应从大局出发,光明磊落、相互谅解、相互宽容、相互信赖、同舟共济,而不能意气用事、互相拆台。总之,要求职工必须具有较高的职业道德觉悟。

③ 职业道德可以提高企业的竞争力。职业道德有利于企业提高产品和服务的质量;职业道德可以降低产品成本,提高劳动生产率和经济效益;职业道德可以促进技术进步;职业道德有利于企业摆脱困境,实现企业阶段性的发展目标;职业道德有利于树立良好企业形象,创造企业著名品牌。

2.1.5　职业道德的基本要求

2019 年 10 月 28 日,中共中央、国务院印发的《新时代公民道德建设实施纲要》,《纲要》指出:"在我们社会的各行各业,都要大力加强职业道德建设。通过职业道德建设,培养全社会每个从业人员正确的劳动态度和敬业精神,增强每个从业人员的事业心和责任感,使广大从业人员以主人翁态度热爱本职工作,树立崇高的职业理想,干一行、爱一行、专一行,对本职工作精益求精,自觉养成全心全意为人民服务的良好职业道德,推动我国社会主义市场经济建设的顺利进行。"

职业道德建设是一项总体工程,要在全社会各行各业抓职业道德建设,在总体上形成一个良性循环。加强职业道德建设首先必须要遵守职业道德的基本规范:

(1) 文明礼貌。现代化生产方式的特点是高度社会化,各行各业相互依存,相互服务。服务水平的高低、服务质量的好坏,直接关系到企业的生存与发展。服务有两层含义,一是为客户服务,一是企业内部各环节之间的服务。搞好服务要求每个职工要树立正确的职业观,文明礼貌、爱岗敬业。文明礼貌的具体要求:仪表端庄;语言规范;举止得体;待人热情。

(2) 爱岗敬业。爱岗敬业,把自己的岗位同自己的理想、追求、幸福联系在一起,把企业的兴衰与个人的荣辱联系在一起;自觉维护企业的利益、形象和信誉。随着社会主义市场经济体制的建立,企业将面临市场的挑战。在这种形势下,是从个人利益出发,一切向钱看,还是为了维护企业的利益,团结一致共渡难关,对每个职工来说,是一次严峻的考验。要想服务群众,奉献社会,光有服务于企业的认识和热情是不够的,还必须具备一定的本领。如今,人类已进入了信息时代,生产力发展突飞猛进,科学技术日新月异,职工的技能仅仅满足岗位需要,已远远不能适应形势的发展要求。要通过技能培训、岗位练兵、交流研讨等多种形式,不断提高干部职工的文化素质和业务技术水平,熟练地掌握职业技能,才能胜任自己的工作,更好地为企业服务。

(3) 诚实守信。诚实守信的具体要求:忠诚所属企业;维护企业信誉;保守企业机密。遵章守制,秉公办事。企业的规章制度,是在总结以往经验教训基础上而制定的,我们没有理由不去执行。另外,在生产管理过程中,除了要遵章守制,还要秉公办事,认真执行各种政策、法规,克己奉公,不谋私利,办事公道,不能凭感情或意气用事,更不能出于私心、从个人利益角度考虑问题、处理事情,这样必然会滋生腐败现象。

(4) 勤劳节俭。艰苦创业,勤俭节约,是我们中华民族的传统美德,作为企业职工,要充分认识到这一点,发扬艰苦创业勤俭节约的精神,要求每个职工要转变观念,树立当家做主的思想,工作中要能够吃苦耐劳,生活中要艰苦朴素,克服互相攀比的思想和"家大业大,浪费点不算啥"的观念。勤劳节俭有利于增产增效,有利于可持续发展,是人生美德。遵纪守法的具体要求:学法、知法、守法、用法;遵守企业纪律和规范。团结互助可以营造人际和谐的氛围,增强企业的内聚力,促进事业发展,其基本要求:平等尊重;顾全大局;互相学习;加强协作。

2.1.6　职业道德修养

人的一生是一个不断学习和不断提高的过程,因而也是一个不断修养的过程。所谓修养,就是人们为了在理论、知识、思想、道德品质等方面达到一定的水平,进行自我教育、自我改善、自我提高的活动过程。修养是人们提高科学文化水平和道德品质必不可少的手段。所谓职业道德修养,是指从事各种职业活动的人员,按照职业道德基本原则和规范,在职业活动中所进行的自我教育、自我改造、自我完善,使自己形成良好的职业道德品质和达到一定的职业道德境界。

职业道德修养,它是一个从业者头脑中进行的两种不同思想的斗争。用形象一点的话来说,就是自己同自己"打官司",用儒家的话来说就是"内省",也就是自己同自己斗争,正是由于这种特点,必须随时随地认真培养自己的道德情感,充分发挥思想道德上正确方面的主导作用,促使"为他"的职业道德观念去战胜"为己"的职业道德观念,认真检查自己的一切言论和行动,改正一切不符合社会主义职业道德的东西,才能达到不断提高自己职业道德的水平。

职业道德修养的途径:首先,树立正确的人生观是职业道德修养的前提。其次,职业道德修养要从培养自己良好的行为习惯着手。最后,要学习先进人物的优秀品质,不断激励自己。职业道德修养是从业人员形成良好的职业道德品质的基础和内在因素。从业人员仅知道什么是职业道德规范而不进行职业道德修养,是不可能形成良好职业道德品质的。

职业道德修养的方法多种多样,除职业道德行为的养成外,还有以下几种:学习职业道德规范、掌握职业道德知识;努力学习现代科学文化知识和专业技能,提高文化素养;经常进行自我反思,增强自律性;提高精神境界,时时刻刻检查自己的行动。一个有道德的人在独自一人、无人监督时,也是小心谨慎地不做任何不道德的事。

2.2　职业安全管理

2.2.1　职业健康安全的基本概念

建筑施工企业必须坚持"安全第一,预防为主"的安全生产方针,完善安全生产组织管理体系、检查评价体系,制定安全措施计划,加强施工安全管理,实施综合治理。

1. 劳动保护与职业安全卫生

劳动保护是指为了保护劳动者在劳动生产过程中的安全、健康,在改善劳动条件、预防工伤事故及职业病、实现劳逸结合和女职工、未成年工的特殊保护等方面所采取的各种组织措施和技术措施的总称,也称为职业安全与健康。它是我国的一项重要国策。

2. 伤亡事故

伤亡事故,是指企业职工在生产劳动过程中发生的人身伤害、急性中毒事故。即职工在本岗位劳动,或虽不在本岗位劳动,但由于企业的设备和设施不安全、劳动条件和作业环境不良、管理不善,以及企业领导指派到企业外从事本企业活动,所发生的人身伤害(即轻伤、重伤、死亡)和急性中毒事故。当前伤亡事故统计中除职工以外,还应包括企业雇用的农民工、临时工等。

根据国务院 2007 年 6 月 1 日施行的《生产安全事故报告和处理规定》,职工在劳动过程中发生的人身伤害、急性中毒伤亡事故分为轻伤、重伤、死亡、重大死亡事故。

住房和城乡建设部《工程建设重大事故报告和调查程序规定》对工程建设过程中发生的伤亡事故分为一级重大事故、二级重大事故、三级重大事故、四级重大事故四个等级。

根据对全国伤亡事故的调查统计分析,建筑业伤亡事故率仅次于矿山行业。其中高处坠落、物体打击、机械伤害、触电、坍塌事故,为建筑业最常发生的五种事故,近几年来已占到事故总数的 80%～90% 以上,应重点加以防范。

3. 职业病

职业病是指职工在生产环境中由于接触工业毒物、不良气象条件、生物因素、不合理的劳动组织以及一般卫生条件恶劣等职业性毒害而引起的疾病。

4. 危险、危害因素

危险、危害因素是指能对人造成伤亡、对物造成突发性损坏、影响人的身体健康导致疾病或对物造成慢性损坏的因素。

2.2.2　我国的职业健康安全方针

职业健康安全方针,是生产劳动过程中做好职业健康安全工作必须遵循的基本原则。根据我国实际情况,党和国家职业健康安全立法和政策方面的文件中明确提出了"安全第一,预防为主"的方针。所谓"安全第一,预防为主",是说在生产过程中,劳动者的安全是第一位的,是最重要的,生产必须安全,安全才能促进生产,最有效的措施就是积极预防,主动预防。在每一项生产中都应首先考虑安全因素,经常查隐患,找问题,堵漏洞,自觉形成一套预防事故,保证安全的制度。"安全第一,预防为主"是职业健康安全工作的基本方针,国家制定的劳动法典和职业健康安全法规都主张把这一方针用法律形式固定下来,使这一方针成为职业健康安全工作的基本指导原则。

2.2.3　危险、危害因素产生的根源

危险源是指可能导致人员伤害或疾病、物质财产损失、工作环境破坏的情况或这些情况组合的根源或状态的因素。危险因素与危害因素同属于危险源。根据危险源在安全事故发生发展过程中的机理,一般把危险源划分为两大类,即第一类危险源和第二类危险源。

1. 危险源的本质

存在能量、有害物质,以及能量、有害物质失去控制两方面因素的综合作用。

2. 危险源产生原因分析

（1）存在能量及有害物质

能量就是做功的能力，可以造福人类，也可以造成人员伤亡和财产损失；有害物质能损害人员健康、破坏设备和物品的性能。

（2）能量、有害物质失控

设备故障（缺陷）、人员失误、管理缺陷、环境不利因素。

3. 危险源（危害）来源

（1）物的不安全状态：主要包括设备、装置的缺陷，作业场所缺陷，物质与环境的危险源等。

（2）人的不安全行为：主要包括身体缺陷、错误行为、违纪违章等。

（3）管理上的缺陷：对物的管理失误，包括技术、设计、结构上有缺陷，作业现场环境有缺陷，防护用品有缺陷等；对人的管理失误，包括教育、培训、指示和对作业人员的安排等方面的缺陷；管理工作的失误，包括对作业程序、操作规程、工艺过程的管理失误以及对采购、安全监控、事故防范措施的管理失误。

（4）环境方面的不利因素：现场布置杂乱无序，视线不畅，沟渠纵横，交通阻塞，材料工器具乱堆、乱放，机械无防护装置，电器无漏电保护，粉尘飞扬，噪声刺耳等使劳动者生理、心理难以承受，则必然诱发安全事故。

4. 危险危害因素辨识、评价的步骤

危险源辨识就是从组织的活动中识别出可能造成人员伤害或疾病、财产损失、环境破坏的危险或危害因素，并判定其可能导致的事故类别和导致事故发生的直接原因的过程。危险源辨识的方法很多，常用的方法有现场调查法、工作任务分析法、安全检查表法、危险与可操作性研究法、事件树分析法和故障树分析法等。它的辨识与评价步骤为：

（1）按部门将活动划分为不同的工序。

（2）应用"工序—设备—人员分析法"辨识危险源。

（3）将辨识结果及对应的风险进行整理，形成部门级危险源清单。

（4）汇总各部门辨识结果，形成全公司危险源清单。

（5）综合应用是非判断法和 $D=LEC$ 法评价重大风险。

（6）确定全公司的重大风险清单；将重大风险分解到各部门，形成各部门重大风险清单。

（7）确定重大风险的控制途径。

2.2.4　职业安全事故防范

安全事故防范的主要措施如下：

（1）落实安全责任、实施责任管理。

（2）安全教育与训练。

（3）安全检查。

（4）作业标准化。

（5）生产技术与安全技术的统一。

（6）施工现场文明施工管理。

（7）正确对待事故的调查与处理。

2.2.5　建筑工程安全检查

安全检查是发现、消除事故隐患，预防安全事故和职业危害比较有效和直接的方法之一，是主动性的安全防范。

1. 建筑工程施工安全检查的主要内容

（1）安全检查要根据施工生产特点，具体确定检查的项目和检查的标准。

（2）查安全思想主要是检查以项目经理为首的项目全体员工（包括分包作业人员）的安全生产意识和对安全生产工作的重视程度。

（3）查安全责任主要是检查现场安全生产责任制度的建立；安全生产责任目标的分解与考核情况；安全生产责任制与责任目标是否已落实到了每一个岗位和每一个人员，并得到了确认。

（4）查安全制度主要是检查现场各项安全生产规章制度和安全技术操作规程的建立和执行情况。

（5）查安全措施主要是检查现场安全措施计划及各项安全专项施工方案的编制、审核、审批及实施情况；重点检查方案的内容是否全面，措施是否具体并有针对性，现场的实施运行是否与方案规定的内容相符。

（6）查安全防护主要是检查现场临边、洞口等各项安全防护设施是否到位，有无安全隐患。

（7）查设备设施主要是检查现场投入使用的设备设施的购置、租赁、安装、验收、使用、过程维护保养等各个环节是否符合要求；设备设施的安全装置是否齐全、灵敏、可靠，有无安全隐患。

（8）查教育培训主要是检查现场教育培训岗位、教育培训人员、教育培训内容是否明确、具体、有针对性；三级安全教育制度和特种作业人员持证上岗制度的落实情况是否到位；教育培训档案资料是否真实、齐全。

（9）查操作行为主要是检查现场施工作业过程中有无违章指挥、违章作业、违反劳动纪律的行为发生。

（10）查劳动防护用品的使用主要是检查现场劳动防护用品和用具的购置、产品质量、配备数量和使用情况是否符合安全与职业卫生的要求。

（11）查伤亡事故处理主要是检查现场是否发生伤亡事故，对发生的伤亡事故是否已按照"四不放过"的原则进行了调查处理，是否已有针对性地制定了纠正与预防措施；制定的纠正与预防措施是否已得到落实并取得实效。

2. 建筑工程施工安全检查的主要形式

建筑工程施工安全检查的主要形式一般可分为定期安全检查、经常性安全检查、季节性安全检查、节假日安全检查、开工/复工安全检查、专业性安全检查和设备设施安全验收检查等。

安全检查的组织形式应根据检查的目的、内容而定，因此参加检查的组成人员也就不完全相同。

（1）定期安全检查。建筑施工企业应建立定期分级安全检查制度，定期安全检查属全面性和考核性的检查，建筑工程施工现场应至少每旬开展一次安全检查工作，施工现场的定期安全检查应由项目经理亲自组织。

（2）经常性安全检查。建筑工程施工应经常开展预防性的安全检查工作，以便于及时发现并消除事故隐患，保证施工生产正常进行。施工现场经常性的安全检查方式主要有：

现场专（兼）职安全生产管理人员及安全值班人员每天例行开展的安全巡视、巡查。

现场项目经理、责任工程师及相关专业技术管理人员在检查生产工作的同时进行的安全检查。

作业班组在班前、班中、班后进行的安全检查。

（3）季节性安全检查。季节性安全检查主要是针对气候特点（如暑季、雨季、风季、冬季等）可能给安全生产造成的不利影响或带来的危害而组织的安全检查。

（4）节假日安全检查。在节假日，特别是重大或传统节假日（如"五一""十一"、元旦、春节等）前后和节日期间，为防止现场管理人员和作业人员思想麻痹、纪律松懈等进行的安全检查。节假日加班，更要认真检查各项安全防范措施的落实情况。

（5）开工、复工安全检查。针对工程项目开工、复工之前进行的安全检查，主要是检查现场是否具备保障安全生产的条件。

（6）专业性安全检查。由有关专业人员对现场某项专业安全问题或在施工生产过程中存在的比较系统性的安全问题进行的单项检查。这类检查专业性强，主要应由专业工程技术人员、专业安全管理人员参加。

（7）设备设施安全验收检查。针对现场塔吊等起重设备、外用施工电梯、龙门架及井架物料提升机、电气设备、脚手架、现浇混凝土模板支撑系统等设备设施在安装、搭设过程中或完成后进行的安全验收、检查。

3．建筑工程安全检查方法

建筑工程安全检查在正确使用安全检查表的基础上，可以采用"问""看""量""测""运转试验"等方法进行。

（1）"问"。主要是指通过询问、提问，对以项目经理为首的现场管理人员和操作工人进行的应知应会抽查，以便了解现场管理人员和操作工人的安全意识和安全素质。

（2）"看"。主要是指查看施工现场安全管理资料和对施工现场进行巡视。例如：查看项目负责人、专职安全管理人员、特种作业人员等的持证上岗情况；现场安全标志设置情况；劳动防护用品使用情况；现场安全防护情况；现场安全设施及机械设备安全装置配置情况等。

（3）"量"。主要是指使用测量工具对施工现场的一些设施、装置进行实测实量。

（4）"测"。主要是指使用专用仪器、仪表等监测器具对特定对象关键特性技术参数的测试。例如，使用漏电保护器测试仪对漏电保护器漏电动作电流、漏电动作时间的测试；使用地阻仪对现场各种接地装置接地电阻的测试；使用兆欧表对电机绝缘电阻的测试；使用经纬仪对塔吊、外用电梯安装垂直度的测试等。

（5）"运转试验"。主要是指由具有专业资格的人员对机械设备进行实际操作、试验，检验其运转的可靠性或安全限位装置的灵敏性。

4. 建筑工程安全检查标准

《建筑施工安全检查标准》(JGJ 59—2011)条文共 22 项,18 张检查评分表,168 项安全检查内容,575 项控制点。安全检查内容中包括保证项目(85 项)和一般项目(83 项)。保证项目为一票否决项目,在实施安全检查评分时,当一张检查表的保证项目中有一项不得分或保证项目小计得分不足 40 分时,此张检查评分表不得分。

《建筑施工安全检查标准》是以汇总表的总得分及保证项目达标与否,作为对一个施工现场安全生产情况的综合评价依据,评价分为优良、合格、不合格三个等级。

《建筑施工安全检查标准》中各检查表检查项目的构成如下:

(1)《建筑施工安全检查评分汇总表》主要内容包括安全管理、文明施工、脚手架、基坑支护与模板工程、"三宝"及"四口"防护、施工用电、物料提升机与外用电梯、塔吊、起重吊装和施工机具 10 项,所示得分作为对一个施工现场安全生产情况的综合评价依据。

(2)《安全管理检查评分表》检查项目包括安全生产责任制、目标管理、施工组织设计、分部(分项)工程安全技术交底、安全检查、安全教育、班前安全活动、特种作业持证上岗、工伤事故处理和安全标志 10 项内容。其中,安全生产责任制、目标管理、施工组织设计、分部(分项)工程安全技术交底、安全检查、安全教育 6 项内容为保证项目。

(3)《"三宝""四口"防护检查评分表》是对安全帽、安全网、安全带使用和楼梯口、电梯井口、预留洞口、坑井口、通道口及阳台、楼板、屋面等临边防护情况的评价。检查项目包括安全帽、安全网、安全带、楼梯口电梯井口防护、预留洞口坑井口防护、通道口防护和阳台楼板屋面等临边防护 7 项内容。该检查评分表中没有设置保证项目。

5. 建筑工程的文明施工

建筑工程施工现场是对外的"窗口",直接关系到企业(院校)和城市的文明与形象。施工现场应当实现科学管理、安全生产、文明有序施工。

(1)现场文明施工管理的主要内容

① 抓好项目文化建设。

② 规范场容,保持作业环境整洁卫生。

③ 创造文明有序安全生产的条件。

④ 减少对居民和环境的不利影响。

(2)现场文明施工管理的基本要求

建筑工程施工现场应当做到围挡和大门的标牌标准化、材料码放整齐化(按照平面布置图确定的位置集中码放)、安全设施规范化、生活设施整洁化、职工行为文明化、工作生活秩序化。

建筑工程施工要做到工完场清、施工不扰民、现场不扬尘、运输无遗洒、垃圾不乱弃,努力营造良好的施工作业环境。

2.3 建筑施工实训安全生产的基本要求

2.3.1 建筑施工实训安全生产对指导小组的要求

(1)坚持"安全第一,预防为主"的原则,经常对指导教师和学生进行安全生产、文明施工的思想教育。

（2）督促施工实训学生严格遵守登高作业规定和各工种安全生产的规章制度。

（3）负责督促和检查在施工实训过程中个人防护用品的发放和使用。

（4）协助校外指导老师以及校内指导老师制订和落实安全措施，检查本工地的设备、电器的安全使用情况。

（5）及时发现事故隐患，与班级组长一道采取有效措施，防止事故的发生。

（6）及时报告工伤事故，做好事故调查工作和安全检查原始记录。

（7）有权制止违章指挥和作业，带头学习和实施安全法规。

（8）总结经验教训，协助各级党委领导落实杜绝事故的措施。

（9）保持施工实训现场安全标语牌及各种安全禁令标志的完好无损，督促文明施工的有序进行。

2.3.2　建筑施工实训对学生的要求

学生进行建筑施工实训课程，必须遵守《五大纪律》《八个不准》的基本要求。

1. 五大纪律

（1）进入施工实训现场必须戴好安全帽，扣好帽带，并正确使用个人劳动保护用品。

（2）三米以上的高空悬空作业，无安全设施的必须戴好安全带，扣好保险钩。

（3）高空作业，不准往下或向上乱抛材料和工具等物件。

（4）各种电动机械设备，必须有可靠有效的安全措施和防护装置，方能投入使用。

（5）不懂电气和机械操作的人员严禁使用和玩弄机电设备。

2. 八个不准

（1）不准穿拖鞋和赤膊参加实训。

（2）不准高空坠物。

（3）不准坐在扶手栏杆上和卧睡在脚手架上。

（4）不准在酒后上班。

（5）不准玩火、烤火和打闹嬉戏。

（6）不准在实训期间吃零食等。

（7）不准在同一垂直面上操作。

（8）不准带与施工实训无关的其他人员进入现场。

项目 3   模板工工种实训

项目重点

通过对模板工工种实训的学习,使学生进一步了解模板体系在制作、安装等一系列过程中的构造要求,掌握模板体系设计的基本原理和基本方法,了解模板安装顺序和方法,掌握现浇混凝土结构模板工程的质量检验以及相应的质量通病防治。

3.1   模板的基本概念

模板工程是混凝土浇筑成型用的模板及其支架的设计、安装、拆除等一系列技术工作和完成实体的总称,模板及其支架应根据工程结构形式、荷载大小、地基土类别、施工设备和材料供应等条件进行设计。模板及其支架应具有足够的承载能力、刚度和稳定性,能可靠地承受浇筑混凝土的重量、侧压力以及施工荷载。

3.1.1   模板的材质要求

(1) 基础模板采用松木板,地梁侧板厚度为 20 mm。

(2) 主体梁底模板采用松木板,底模板厚度为 40 mm,柱模板及楼层模板采用机制木模板(九夹板),模板厚度为 12 mm。

(3) 支撑系统采用杉原木,小头直径不小于 70 mm,拉接采用小方木,规格 400 mm×500 mm,除小楞等采用松木或硬杂木外,其余均采用 ϕ48×3.5 mm 钢管。

(4) 木模板及支撑系统不得选用脆性、严重扭曲和受潮变形的木材。

(5) 使用木料支撑,材料应剥皮,尖头要锯平,不得使用腐朽、扭裂的材料,不准用弯曲大、尾径小的杂料,层高在 4 m 以内顶撑尾径不小于 8 cm,5 m 以内不小于 10 cm,5 m 以上应经过设计确定。

(6) 顶撑接头部位夹板不得小于三面,夹板不得小于 50 cm×8 cm×2.5 cm,相邻接头应互相错开。

新模板技术规范中增加了采用铝合金型材作为建筑模板结构或构件,并给出了铝合金型材的机械性能表。板材中直接给出了竹、木胶合板、复合纤维模板的参数性能值,并对材料进行了细致的划分。

3.1.2   模板制作工具

1. 圆锯

(1) 操作平台要稳固,锯片不得连续缺齿和缺齿太多,螺丝帽要上紧。圆锯应有防护罩,不得使用倒顺开关,应使用点动开关。

(2)操作人应站在锯片一侧,禁止站在与锯片同一直线上,手臂不得跨越锯片操作。

(3)进料必须紧贴靠山,不得用力过猛,遇硬节应慢推,接料要待料出锯片15 cm,不得用手硬拉。

(4)加工旧料时,须先清除铁钉、水泥浆、泥砂等。

(5)锯短料时应用推棍,接料使用刨钩。禁止锯超过圆锯半径的木料。

(6)锯片未停稳前不许用手触动,也不要用力猛推木料强迫锯片停转。

(7)电动机外壳及开关的铁外壳应采取接零或接地保护,且须安装漏电保护开关。

2. 手电钻

(1)使用前要先检查电源绝缘是否良好,有无破损,电线须架空,操作时要戴绝缘手套,使用时要安装漏电保护开关。

(2)按铭牌规定,正确使用手电钻,发现有漏电现象或电动机温度过高、转速突然变慢和有异声,应立即停止使用,并交电工检修。

(3)在高空作业时,应搭设脚手架,危险处作业要挂好安全带,工作中要注意前、后、左、右的操作条件,防止发生事故。

(4)向上钻孔时,只许用手或杠杆的办法顶托钻把,不许用头或肩扛等办法。

(5)电钻在转动中,只准用钻把对准孔位,禁止用手扶钻头对孔。

(6)工作完毕后,应切断电源,收好导线以备再用。

3.1.3　模板存放要求

(1)大模板存放处应平铺,地面应平整,模板堆码整齐,其高度宜不大于1.0 m,超过1.0 m的四周打销固桩,堆垛面用8♯铁丝与桩顶锚固。

(2)各种模板拆下后,应及时整理,按规格整齐堆放,堆放高度不大于1.0 m。

3.2　模板工程的受力计算

3.2.1　模板工程受力计算步骤

主要受力构件的计算步骤如下:

(1)假定主要受力构件的截面尺寸。

(2)分析各主要受力构件的结构模式,并绘出计算简图。

(3)根据相应的荷载及荷载组合,对各主要受力构件进行荷载计算。

计算模板及其支架的荷载,分为荷载标准值和荷载设计值,后者以荷载标准值乘以相应的荷载分项系数。

1)模板及支架自重标准值,应根据设计图纸确定。

2)新浇混凝土自重标准值,对普通混凝土,可采用24 kN/m³;对其他混凝土,根据实际重力密度确定。

3)钢筋自重标准值,按设计图纸计算确定。一般可按每立方米混凝土含量计算:框架梁 1.5 kN/m³,楼板 1.1 kN/m³。

4）施工人员及设备荷载标准值。

计算模板及直接支承模板的小楞时,对均布荷载取 2.5 kN/m²,另应以集中荷载 2.5 kN 再进行验算,比较两者所得的弯矩值,按其中较大者采用。

计算直接支承小楞结构构件时,均布活荷载取 1.5 kN/m²。

计算支架立柱及其他支承结构构件时,均布活荷载取 1.0 kN/m²。

5）振捣混凝土时产生的荷载标准值,对水平面模板可采用 2.0 kN/m²;对垂直面模板可采用 4.0 kN/m²(作用范围在新浇筑混凝土侧压力的有效压头高度以内)。

6）模板侧面的压力标准值,采用内部振捣器时,可按以下两式计算,并取两者较小值:

新浇混凝土对模板侧面的压力标准值:

$$F_1 = 0.22 * r_c * t_0 * \beta_1 * \beta_2 * V \sim 0.5$$

$$F_2 = r_c * H$$

式中:F—新浇混凝土对模板的最大侧压力(kN/m²);

r_c—混凝土的密度,取 24 kN/m³;

t_0—混凝土的初凝时间,取 200/(T+15),其中 T 为混凝土的温度;

β_1—混凝土外加剂的影响系数,不掺外加剂时取 1.0,加具有缓凝作用的外加剂取 1.2,掺外加剂取 1.2;

β_2—混凝土坍落度的影响系数,坍落度小于 30 mm 时取 0.85,50～90 mm 之间取 1.0, 110～150 mm 之间取 1.15,采用泵送取 1.15,其间采用内部插值法取值;

V—混凝土每小时的浇筑速度(m/h),按 3 m/h 计算;

H—混凝土侧压力计算位置处至新浇混凝土顶面的总高度。

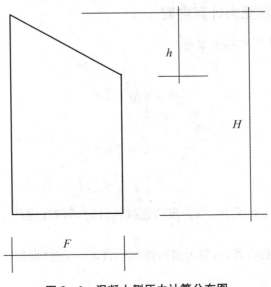

图 3-1　混凝土侧压力计算分布图

h——有效压头高度,$h = F/\gamma_c$ (m)

7）倾倒混凝土时产生的荷载标准值,取倾倒混凝土时对垂直面模板产生的水平荷载标准值。

8）除上述 7 项荷载外,当水平模板支撑结构的上部继续浇筑混凝土时,还应考虑由上部传递下来的荷载。

9）模板工程属临时性工程。我国目前还没有临时性工程的设计规范,所以只能按正式结构设计规范执行。由于新的设计规范以概率理论为基础的极限状态设计法代替了容许应力设计法,又考虑到原规范对容许应力值作了提高,因此原《混凝土结构工程施工及验收规范》(GB 50204—92)进行了套改,形成《混凝土结构工程施工质量验收规范》(GB 50204—2015)

① 对钢模板及其支架的设计,其荷载设计值可乘以 0.85 系数予以折减,但其截面塑性发展系数取 1.0。

② 采用冷弯薄壁型钢材,由于原规范对钢材容许应力值不予提高,因此荷载设计值也不予折减,系数为 1.0。

③ 对木模板及其支架的设计,当木材含水率小于 25％时,其荷载设计值可乘以 0.9 系数予以折减。

④ 在风荷载作用下,验算模板及其支架的稳定性时,其基本风压值可乘以 0.8 系数予以折减。

（4）根据相应的计算简图及荷载,对各主要受力构件进行内力计算。

（5）对各主要受力构件进行强度、刚度及稳定性验算。

（6）重复以上(1),(2)步骤,直至取得良好的模板结构体系及合理的主要受力构件的截面尺寸。

（7）整理计算书。

3.2.2　模板工程受力计算内容

模板工程的受力计算内容主要有:

（1）强度计算

① 抗弯计算

$$\sigma_{\max}=\frac{M}{W_z}\leqslant[\sigma]$$

② 抗剪计算

截面为矩形时:

$$\tau_{\max}=\frac{3}{2}\times\frac{Q}{A}\leqslant[\tau]$$

截面为圆形时:

$$\tau_{\max}=\frac{4}{3}\times\frac{C}{A}\leqslant[\tau]$$

式中：M——构件截面上的弯矩,当为多跨连续构件时,可查《混凝土结构》教材内力系数表求得;

Q——构件截面上的剪力,当为多跨连续构件时,可查《混凝土结构》教材内力系数表求得;

W_z——构件抗弯截面模量,矩形截面为 $W_z=\dfrac{bgh^3}{\sigma}$,圆形截面,$W_z=\dfrac{\pi g D^3}{32}$,$A$ 为构件截面面积。

（2）稳定性验算

$$\sigma = \frac{N}{\phi A} \leqslant [\sigma]$$

式中：ϕ——稳定系数，由长细比 λ，λ_n 决定，长细比　$\lambda = \frac{L}{I}$；

　　　N——钢管顶撑或桁架式梁模顶撑一根钢管的轴向压力设计值；

　　　L——钢管顶撑或梁模板桁架式顶撑钢管的计算长度，按两端简支受压构件取用；

　　　I——截面的回转半径 $i = \sqrt{\frac{I}{A}}$；

当 $\lambda_n = \frac{\lambda}{\pi} \sqrt{\frac{f_y}{E}} \leqslant 0.215$ 时，取 $\phi = 1 - 0.41\lambda_n^2$；当 $\lambda_n = \frac{\lambda}{\pi} \sqrt{\frac{f_y}{E}} > 0.215$ 时，取 $\phi = \frac{1}{2\lambda_n^2} [(0.986 + 0.152\lambda_n + \lambda_n^2) \sqrt{(0.986 + 0.152\lambda_n + \lambda_n^2)^3 - 4\lambda_n^2}]$。

（3）挠度验算

$$f_{max} \leqslant [f]$$

式中：f_{max}——模板构件的最大挠度，对均布荷载作用下的单跨构件，$f_{max} = \frac{5qL^4}{384EI}$；

　　　g——作用于模板构件的均布荷载；

　　　L——模板构件的计算跨度。

对多跨构件，可查《混凝土结构》教材多跨连续梁挠度系数表求得。

对于楼板模板的钢管大楞（杠管），当楞木的间距≤400 mm 时，可近似按均布荷载作用下的多跨连续构件计算，此时，把楞木传来的集中荷载除以楞木间距即得均布荷载。

3.3　模板制作、安装与拆除

3.3.1　模板工程技术交底

模板工程技术交底一般规定：

（1）工作台、机械的设置应合理稳固，工作地点和通道应畅通，材料、半成品堆放应成堆成垛，不影响交通。

（2）操作木工机械不准戴手套，以防将手套卷进机械造成事故。

（3）木模车间内的锯屑刨花应天天清理。在车间内禁止吸烟动火。

（4）顶撑应从离地面 50 cm 高设第一道水平撑，以后每增加 2 m 增设一道。水平撑应纵横向设置。

（5）支撑底端地面应整平夯实，并加垫木，不得垫砖，调整高低的木楔要钉牢，木楔不宜垫得过高（最好是 2 块）。

（6）采用木桁架支模应严格检查，发现严重变形、螺栓松动等应及时修复。

（7）支模应接工序进行，模板没有固定前，不得进行下道工序。禁止利用拉杆、支撑攀登上下。

（8）支设 4 m 高以上的立柱模板,四周必须顶牢,操作时要搭设工作台,不足 4 m 高的可使用马凳操作。

（9）支设独立梁模应设临时工作台,不得站在柱模上操作和梁底模上行走。

（10）二人抬运模板时要互相配合,协同工作。传送模板、工具应用运输工具或用绳子系牢后升降,不得乱扔。

（11）不得在脚手架上堆放大批模板等材料。

（12）纵横水平撑、斜撑等不得搭在门窗框和脚手架上。通道中间的斜撑、拉杆等应设在 1.80 m 高以上。

（13）支模中如需中间停歇,应将支撑、搭头、柱头封板等钉牢,防止因扶空、踏空而坠落造成事故。

（14）利用门型架、钢管等支模配套使用,按规定设置水平和剪刀撑。

（15）模板上有预留孔洞者,应在安装后将洞口盖好。混凝土板上的预留洞应在拆模后将洞口盖好。

（16）拆除檐口、阳台等危险部位的模板,底下应有架子、安全网操作或挂安全带,并尽量做到模板少掉到架、安全网上,少量掉落在架、安全网上的模板应及时清理。

（17）拆模前,周围应设围栏或警戒标志,重要通道应设专人看管,禁人入内。

（18）拆模应按自上而下,从里到外,先拆支撑的水平和斜支撑,后拆模板支撑,梁先拆侧模后拆底模的顺序。拆模人应站一侧,不得站在拆模下方,几人同时拆模时应注意相互间的安全距离,保证安全操作。

（19）拆除薄腹梁、吊车梁、桁架等预制构件模板,应随拆随加支撑顶牢,防止构件倒塌。

（20）拆下的模板应及时运到指定的地点集中堆放或清理归垛,防止钉子扎脚伤人。

3.3.2　模板工程安装方法

1. 条形基础（带地梁）模板安装施工方法

（1）保证混凝土结构和构件各部分形状尺寸及相互位置的准确性。

在侧模上下钉设 40 mm×60 mm 通长木档,和 40 mm×60 mm 短木档,间距 1000 mm,并在短木档外侧支设支撑与基槽壁固定,以满足构件的形状尺寸和位置的准确性。

在侧模内侧用定尺的木档对构件内部尺寸进行固定,间距 1000 mm,当基础梁高度超过 700 mm 时,在侧模中间拉设双股铅丝,间距 1000 mm,防止胀模。

（2）要保证模板的强度和稳定性刚度要求。

在基槽内壁与支撑接触处用 400 mm×500 mm 模板垫设,保证模板有足够的强度。

在基础梁上部用 60 mm×80 mm 木档进行整体固定,保证模板有足够的稳定性。

在侧模板下方钉设木档脚,间距 1000 mm（浇筑后拔除）,以保证模板有足够的刚度。

（3）要保证构造简单,拆装方便,便于钢筋绑扎与安装,便于混凝土的浇筑养护。

（4）保证模板的接缝要严密,防止漏浆。

2. 柱模板的施工方法

柱子模板拼装的施工方法如下:

（1）拼装示意图（图 3-2）

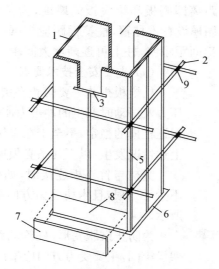

1—竹夹板（厚 20 mm）　2—钢管柱箍（@500 mm）　3—梁托板　4—梁缺口
5—木枋（60 mm×120 mm）　6—木框　7—盖板　8—清理孔　9—扣件

图 3-2　拼装示意图

（2）柱模支撑示意图（图 3-3）

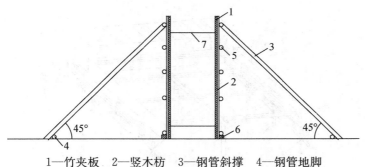

1—竹夹板　2—竖木枋　3—钢管斜撑　4—钢管地脚
5—钢管柱箍　6—定位木框　7—钢筋内撑

图 3-3　柱模支撑示意图

（3）主要安装施工方法

柱钢筋绑扎验收合格后，将柱脚冲洗干净，按弹线安好定位木框并焊好钢筋内撑。

拼装柱模，临时固定。

吊正模板，拉通线进行检查，合格后固定柱模。

安装柱箍，柱箍间距不大于 50 cm，下部应适当加密，以免炸模。

依图 3-3 所示要求架设好斜撑，以保证柱子的稳定。用线锤、经纬仪等校正柱模垂直度后与承重架和支撑系统固定牢固，并确保整个支模系统有足够的强度、刚度。

将柱模内清理干净，封闭清理口，进行柱模的技术复核验收。

短形柱的框板由四面侧板、柱箍、支撑组成，柱与四边侧模都采用纵面模板（九夹板），在柱模底用小方木钉成方向盘用于固定柱模。

柱顶与梁交接处,要留出缺口,缺口尺寸即高度和宽度,并在缺口两侧和缺口底钉上衬口档,衬口档离缺口边的距离即侧板和梁底板的厚度,为了防止在混凝土浇筑时模板产生鼓胀(胀模)变形,在柱侧模设置木柱箍,柱箍面距应根据柱模距面大小确定,一般在400～600 mm左右,柱模下部间距小些,柱上可逐渐增大间距。

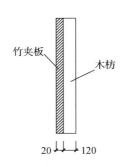

竹夹板 木枋

20 120

图 3-4 木枋与竹夹板连接示意图

(4)主要安全技术要点

柱模板拼装一要防止在混凝土浇筑时因混凝土的侧压力及振动时产生的冲击力使模板产生鼓胀变形;二是要保证柱模的稳定,不至于在操作中柱子发生倾斜。为防止上述情况发生,以下几条必须遵守:

竖枋与竹夹板连接时,如柱宽大于40 cm,木枋每边不少于3根,且木枋受力方向不能反,连接示意如图3-4所示。

为防止鼓胀变形,柱箍间距必须符合设计要求,扣件架设牢固,主要受力方向应架设双扣件以防位移。

保证柱模稳定,地脚必须纵横连接,保证不移动,斜撑架设角度宜如图3-3所示,且每面不少于2道。

3.板模板施工方法

(1)现浇模板支撑示意如下(图3-5)

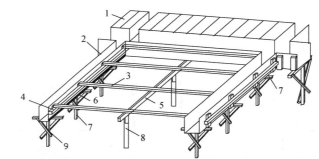

1—多层板 2—侧模 3—支撑方木 4—侧模方木 5—矩形钢管
6—对拉螺栓 7—梁下支撑 8—立柱 9—斜撑

图 3-5 现浇模板支撑示意图

(2)现浇模板平板与支撑的选择:平板采用九夹板,龙骨采用60 mm×80 mm方木,支撑采用木支撑,小头直径不小于70 mm,水平支撑采用400 mm×500 mm的方木,支撑底部采用20 mm厚木板。

(3)荷载计算

模板自重每米0.3 kN;

混凝土重量2.4 kN;

钢筋重量0.2 kN;

施工荷载每米1 kN;

振捣混凝土产生的荷载0.2 kN;

倾倒混凝土产生的荷载0.5 kN;

累计荷载为 4.6 kN/m。

支撑采用圆木支撑,直径 70 mm,间距 800 mm,顶撑立柱采用 60 mm×80 mm 方木,承受 2 根顶撑之间板模传来的垂直荷载。

(4)楼板支模

根据楼层标高搭设所需高度的承重架和支撑系统,在复查承重架用支撑系统标高无误和牢固稳定的前提下,铺设搁栅及底模板。

弹轴线、墙或柱的边线和预埋件位置十字线等,经复核无误,进行立模,绑扎钢筋及预留(或预埋),然后拼封固定和校核工作。

进行技术复核和隐蔽工程验收。

4. 梁模板施工方法

梁模板主要由底板、侧板、夹木、托木、梁箍、支撑等组成,侧板采用 25 mm 厚长条板,梁底模板采用九夹板,龙骨采用 60 mm×80 mm 方木,支撑采用木支撑,小头直径不小于 70 mm,水平支撑采用 400 mm×500 mm 的方木,支撑底部采用 20 mm 厚木板。

(1)在梁底板下每隔一定间距用顶撑支设。夹木设在梁模两侧板下方,将梁侧板与底板夹紧,并钉牢在支柱顶撑上。次梁模板还应根据支设楼板模板的搁栅的柱高,在两侧板外面钉上托木(横档),在主梁与次梁交接处,应在主梁侧板上留缺口,并钉上衬口档,次梁的侧板和底板钉在衬口档上,如图 3-6 所示。

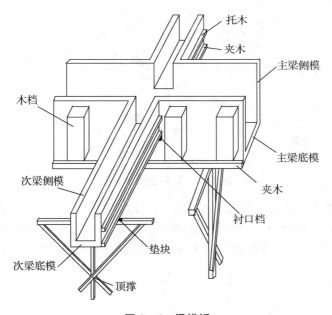

图 3-6 　梁模板

(2)顶撑。支撑梁模的顶撑为直径 120 mm 的圆木,帽木用 50 mm 的方木,斜撑用 50 mm×75 mm 方木,示意如图 3-7 所示。

(3)当梁高在 700 mm 以上时,其混凝土侧压力随梁高的增大而增大,单用斜撑及夹条用圆钉钉住,不易撑牢。因此,常在梁的中部用铁丝穿过横档对拉,或用螺栓将两侧模板拉紧,防止模板下口面外爆裂及中部鼓胀,如图 3-8 所示。

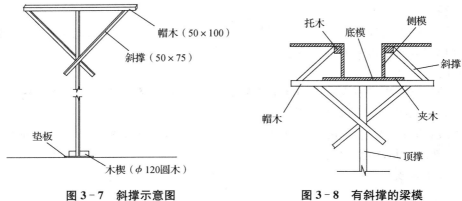

图 3-7　斜撑示意图　　　　　图 3-8　有斜撑的梁模

（4）梁模板安装后，要拉中线进行检查，复核各梁模中心位置是否对正，待平板模板安装后，检查并调整标高，将木楔钉牢在垫板上，各顶撑之间设水平撑，以保证顶撑的稳固，如图 3-9 所示。

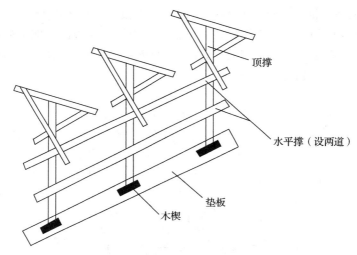

图 3-9　梁模垫板示意图

（5）顶撑的间距要根据梁的断面大小而定，一般为 800～1200 mm，现结合本工程特点，取截面尺寸为 250 mm×600 mm，长 6800 mm 的矩形大梁，采用红松木底模（厚 40 mm），梁离地面高 4 m，模板底楞木和顶撑间距选用 0.85 m，侧模板立档间距选用 500 mm，对底模、侧模和支撑进行验算。

（6）荷载计算

模板自重每米 0.35 kN；

混凝土重量 3.6 kN；

钢筋重量 0.4 kN；

施工荷载每米 1 kN；

振捣混凝土产生的荷载 0.2 kN；

倾倒混凝土产生的荷载 0.5 kN；

累计荷载为 5.6 kN/m。

5. 墙板支模施工方法

墙板支模施工方法如下：

（1）按已弹好的位置线安装门洞模板，下预埋件或木砖。

（2）把预先按尺寸拼装好的模板按位置线就位，然后安装拉杆或斜撑，安装塑料套管和穿墙螺栓，穿墙螺栓规格和间距在模板设计时应明确规定。

（3）检查墙板钢筋，预埋件数量、位置，经复核无误后，再安装另一边模板，调整斜撑（拉杆）使模板垂直，两模间用对拉螺栓连接，控制好模板厚度。

（4）模板安装完毕后，检查一遍扣件，螺栓是否紧固，模板拼缝是否严密，必须保证模板及支撑系统有足够的强度、刚性和不漏浆。

（5）进行技术复核和隐蔽工程验收。

3.3.3 模板拆除期限

（1）承台的侧面模板，应在混凝土强度能保持其表面及棱角不因拆模而损坏，一般在 3 天以后方可拆除。

（2）承重的模板应在混凝土达到以下强度后才能拆除。

（3）平板模板的混凝土强度达到 75%（即 20 天）。

（4）单梁的底模板的混凝土强度达到 100%（即 25 天）。

（5）悬臂梁模板的混凝土强度达到 100%（即 28 天）。

（6）当承重的模板拆除后，其上有承受施工荷载时，必须加设临时支撑。

3.4 模板的质量检验

3.4.1 模板工程验收流程图

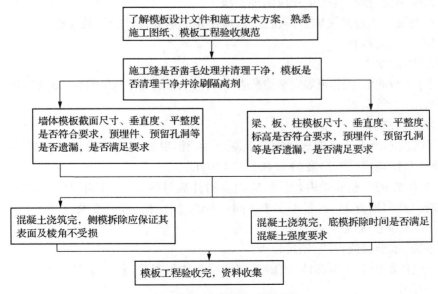

图 3-10 模板工程验收流程

3.4.2　模板工程施工验收依据

模板工程施工验收依据如下：

1. 模板工程施工质量的基本规定

(1) 模板及其支架应具有足够的承载能力、刚度和稳定性，能可靠地承受浇筑混凝土的重量、侧压力以及施工荷载。

(2) 在浇筑混凝土之前，应对模板工程进行验收。安装模板和浇筑混凝土时，应对模板及其支架进行观察和维护。发生异常情况时，应按施工技术方案处理。

(3) 模板及其支架拆除的顺序及安全措施应按施工技术方案执行。

2. 模板安装主控项目

(1) 安装现浇结构的上层模板及其支架时，下层楼板应具有承受上层荷载的承载能力，或加设支架；上、下层支架的立柱应对准，并铺设垫板。

检查数量：全数检查。

检查方法：对照模板设计文件和施工技术方案观察。

(2) 在涂刷模板隔离剂时，不得沾污钢筋和混凝土接槎处。

检查数量：全数检查。

检查方法：观察。

3. 模板安装一般项目

(1) 模板安装应满足下列要求

模板的接缝处不应漏浆；在浇筑混凝土前，木模板应浇水湿润，但模板内不应有积水。

模板与混凝土的接触面应清理干净并涂刷隔离剂，但不得采用影响结构性能或妨碍装饰工程施工的隔离剂。

浇筑混凝土前，模板内的杂物应清理干净。

对清水混凝土工程及装饰混凝土工程，应使用能达到设计效果的模板。

检查数量：全数检查。

检查方法：观察。

(2) 用作模板的地坪、胎模等应平整光洁，不得产生影响构件质量的下沉、裂缝、起砂或起鼓。

检查数量：全数检查。

检查方法：观察。

(3) 对跨度不小于 4 m 的现浇钢筋混凝土梁、板，其模板应按设计要求起拱；当设计无具体要求时，起拱高度宜为跨度的 $1/1000 \sim 3/1000$。

检查数量：在同一检验批内，对梁，应抽查构件数量的 10%，且不少于 3 件；对板，应按有代表性的自然间抽查 10%，且不少于 3 间；对大空间结构，板可按纵、横轴线划分检查面，抽查 10%，且不少于 3 面。

检查方法：水准仪或拉线、钢尺检查。

(4) 固定在模板上的预埋件、预留孔和预留洞均不得遗漏，且应安装牢固，其偏差应符合表 3-1 的规定。

表 3-1　预埋件和预留孔洞的允许偏差

项　目		允许偏差/mm
预埋钢板中心线位置		3
预埋管、预留孔中心线位置		3
插筋	中心线位置	5
	外漏长度	+10,0
预埋螺栓	中心线位置	2
	外漏长度	+10,0
预留洞	中心线位置	10
	尺寸	+10,0

注：检查中心线位置时，应沿纵、横两个方向量测，并取最大值。

检查数量：在同一检验批内，对梁、柱和独立基础，应抽查构件数量的 10%，且不少于 3 件；对墙和板，应按有代表性的自然间抽查 10%，且不少于 3 间；对大空间结构，墙可按相邻轴线间高度 5 m 左右划分检查面，板可按纵横轴划分检查面，抽查 10%，且均不少于 3 面。

检查方法：钢尺检查。

（5）现浇结构模板安装的偏差应符合表 3-2 的规定。

表 3-2　现浇结构模板安装的允许偏差及检查方法

项　目		允许偏差/mm	检验方法
轴线位置		5	钢尺检查
底模上表面标高		±5	水准仪或拉线、钢尺检查
截面内尺寸	基础	±10	钢尺检查
	柱、墙、梁	+4,-5	钢尺检查
层高垂直度	不大于 5 m	6	经纬仪或吊线、钢尺检查
	大于 5 m	8	经纬仪或吊线、钢尺检查
相邻两板表面高低差		2	钢尺检查
表面平整度		5	2 m 靠尺和塞尺检查

注：检查轴线位置时，应沿纵、横两个方向量测，并取最大值。

（6）预制构件模板安装的偏差应符合表 3-3 的规定。

检查数量：首次使用及大修后的模板应全数检查；使用中的模板应定期检查，并根据使用情况不定期抽查。

表 3-3　预制构件模板安装的允许偏差及检验方法

项　目		允许偏差/mm	检验方法
长度	板、梁	±5	钢尺量两角边，取其中较大值
	薄腹梁、桁架	±10	
	柱	0,-10	
	墙板	0,-5	

续表

项　目		允许偏差/mm	检验方法
宽度	板、墙板	0,−5	钢尺量一端及中部,取其中较大值
	梁、薄腹梁、桁架、柱	+2,−5	
高(厚)度	板	+2,−3	钢尺量一端及中部,取其中较大值
	墙板	0,−5	
	梁、薄腹梁、桁架、柱	+2,−5	
侧向弯曲	梁、板、柱	$L/1000$ 且≤15	拉线、钢尺量最大弯曲处
	墙板、薄腹梁、桁架	$L/1500$ 且≤15	
板的表面平整度		3	2 m 靠尺和塞尺检查
相邻两板表面高低差		1	钢尺检查
对角线差	板	7	钢尺量两个对角线
	墙板	5	
翘曲	板、墙板	$L/1500$	调平尺在两端量测
设计起拱	薄腹梁、桁架、梁	±3	拉线、钢尺量跨中

注:L 为构件长度(mm)。

4. 模板拆除主控项目

(1)底模及其支架拆除时的混凝土强度应符合设计要求;当设计无具体要求时,混凝土强度应符合表 3-4 的规定。

检查数量:全数检查。

检验方法:检查同条件养护试件强度试验报告。

表 3-4　底模拆除时的混凝土强度要求

构件类型	构件跨度/m	达到设计的混凝土立方体抗压强度标准值的百分率/%
板	≤2	≥50
	>2,≤8	≥75
	>8	≥100
梁、拱、壳	≤8	≥75
	>8	≥100
悬臂构件	—	≥100

(2)对后张法预应力混凝土结构构件,侧模宜在预应力张拉前拆除;底模支架的拆除应按施工技术方案执行,当无具体要求时,不应在结构构件建立预应力前拆除。

检查数量:全数检查。

检验方法:观察。

(3)后浇带模板的拆除和支顶应按施工技术方案执行。

检查数量:全数检查。

检验方法:观察。

5. 模板拆除一般项目

(1)侧模拆除时的混凝土强度应能保证其表面及棱角不受损。

检查数量:全数检查。

检验方法:观察。

(2)模板拆除时,不应对楼层形成冲击载荷。拆除的模板和支架宜分散堆放并及时清运。

检查数量:全数检查。

检验方法:观察。

6. 模板验收过程中应注意以下几点

(1)使用的材料必须满足施工要求。

(2)拉接的螺杆必须牢固、可靠。

(3)有高低模板时,挂板必须进行加固。

(4)模板平直度、垂直度、截面尺寸控制在允许范围内。

(5)不得有炸模因素的存在。

(6)不同混凝土标号的交接处,及梁、板中有高低跨处,必须用铁丝网分割开。

(7)跨度大于 4 m 的梁、板必须起拱,中间必需的标高往上丈量 10~15 mm,不得出现两边上拱、中间下沉。

(8)注意相邻部位的标高,避免同一梁、板底高低不一。

(9)预留洞尺寸必须方正,应有有效的控制方法,严禁出现歪斜洞口。

(10)模板在同一轴线上,同规格柱、墙必须拉线校正,混凝土浇捣完毕后,外墙必须拉线校正。

(11)模板的接缝必须严密,模板脱模油涂刷应均匀。

(12)墙、柱模板中的预留梁、板及洞口尺寸必须正确,严禁墙、柱模板伸入梁、板内。

(13)施工完,支模时的锯末、木块,脱模油等应清理干净,拆模后的杂物应及时清理,堆放到指定位置。

(14)支模架必须稳定牢固,墙体对拉螺杆分布均匀,加固方法得当。

(15)剪力墙、柱下口处 50~100 mm 处,预留洞口周边必须焊固定钢筋,防止模板位移,模板内有撑筋,控制模板截面尺寸。

(16)墙体阴阳角均采用阴、阳角模,钢筋加固,在洞口阴阳角处的水平管固定必须有两个以上固定扣件固定,减少单个扣件单点固定造成的混凝土浇筑中截面尺寸变形。

(17)墙/板后浇带、楼梯施工缝必须留设的位置符合施工有关规定要求。

3.5 模板工程的安全措施

3.5.1 木模板加工制作安全操作规程

(1)木模板制作(加工)的场所,地面应平整,道路通畅无阻;制作加工的半成品要堆放整齐,码堆不宜过高,防止倒塌伤人;工作场所禁止吸烟,防止火灾事故发生。

(2)所有机具(刨床、手持电锯)均应接地或接零,配电箱应是一机一闸一漏电保护器,配电箱应有门有锁;操作者必须熟知机具的性能和安全技术操作规程。

（3）使用电锯加工材料时,操作前应进行检查,锯片不得有裂口,螺帽应拧紧,运转时禁止用手清除木屑。

（4）操作时要戴防护眼镜,站在锯片一侧,禁止站在与锯片同一直线上,手臂不得跨过锯片;进料必须紧贴靠山,不得用力过猛,遇硬节慢推;接料要待料出锯片 15 cm,不得用手去硬拉;短窄料应用推棍,接料使用刨钩,越过锯片半径的木料,禁止上锯加工。

（5）操作刨床前要检查刀片、刀架、夹板、螺栓是否有裂缝,是否吻合紧固,换刀片或调整刨削量以及清除刨花时必须拉闸断电后进行。

（6）刨料应保持身体稳定,双手操作。刨大面时,手要按在料的上面,刨小面时手指不低于料高的一半,并不得少于 3 cm,禁止手在料后推送,刨削量每次一般不得超过 1.5 mm,进料速度要保持均匀,经过刨口时用力要轻。禁止在刨刃上方回料。

（7）刨厚度小于 1.5 cm、长度小于 30 cm 的小料时,必须用压板或推棍,禁止用手直接推进,遇节疤、戗槎要减慢推料速度,禁止手按在节疤上推料。刨旧料必须将铁钉、水泥疤等清除干净。

（8）使用手持电锯时,电源线必须使用橡套线,不得用塑料线,并用插头插座接电源。操作前进行试运转,检查旋转方向是否正确。操作时,推进速度要均匀,用力不得过猛。

（9）所有机具在运行时不得进行维修、保养、调试及清除锯末刨花,工作完毕后,应拉闸断电,锁好配电箱,并将木屑、锯末、刨花清除干净方准下班。

3.5.2　模板工程安装的安全措施

（1）严格遵守现场"吊装十不准原则",遵守现场有关安全规定。

（2）在现场安装模板时,所用工具应装在工具包(箱)内,注意戴好安全帽。

（3）垂直运输模板或其他材料进场时,吊篮下严禁站人,严禁乘吊篮上下。

（4）高空作业应系安全带或采用防护措施,否则不允许施工。

（5）模板支撑不得使用腐朽、扭裂等木材,顶撑要垂直,底端平整坚实,并加垫木,木楔要钉牢,并用横顺拉杆和剪刀撑拉牢。

（6）支模应按工序进行,模板没有固定前,不得进行下道工序,禁止利用拉杆、支撑攀登上下。

（7）支设 4.0 m 以上的立柱模板时四周必须顶牢,操作时要搭设工作站;小于 4.0 m 的可使用马凳操作,支设柱梁模板时应设临时工作平台,不得站在柱模板上操作和在梁模板上行走。

（8）拆除模板应经现场施工员同意,重要部位须经公司质安科专管人员同意,操作时应按顺序进行,严禁猛撬、硬砸或大面积撬落和拉倒。完工后不得遗留松动和悬挂的模板,拆下的模板应及时运送到指定地点集中堆放,防止铁钉扎脚。

（9）拆模时下方不得站人,以防突然坠落伤人。

（10）不允许留有未拆除的悬空模板。

（11）模板在支撑系统未钉牢固之前,不得上人;未安装好的梁底板或平台模板上禁止放重物和走人,不得将模板或其他材料堆放在外脚手架上。

（12）阳台与挑檐等模板的安装与拆除必须有可靠的安全措施。

（13）拆除区域应设置警戒线,并派有经验的人员监护作业过程。

3.6 模板的质量通病及防治措施

3.6.1 跑模

（1）现象：水泥混凝土拌合物的侧向压力使某部的模板整体移位，造成结构物侧面整个倾斜，底面下垂或下扰，严重时，侧模、端模崩塌。

（2）危害：轻者大大改变结构物尺寸、规格、形状，严重者使浇筑失败。

（3）原因分析

① 固定柱模板的柱箍不牢，或钉侧模、底模的规格小，被混凝土的侧压力或竖向力拔出，造成模板移位。

② 为调整模板间距或高程，所加的抄手气未固定好，振捣时松脱产生侧模、底模移位。

③ 固定梁侧模的带木未钉牢或带木断面尺寸过小，不足以抵抗混凝土侧压力，致使钉子被拔出。

④ 未采用对拉螺栓来承受混凝土对模板的侧压力，或因对拉螺栓直径太小，被混凝土侧压力拉断。

⑤ 斜撑、水平撑底脚支撑不牢，使支撑失效或移动。

（4）预防措施

① 根据柱断面大小及高度，在柱模外面每隔 30～60 cm 加设牢固柱箍，并以脚手架和木齐找正固定，必要时，可设对拉螺栓加固。

② 梁侧模下口必须有条带木，钉紧在横担木或支柱上，离梁底板 30～40 cm 处加工成 ϕ16 对拉螺栓（用双根带木，螺栓放在两根横档带木之间，由垫板传递应力），并根据梁的高度，适当加设横档带木。

③ 对拉螺栓直径一般采用 ϕ12～ϕ16，墙身中间应用穿墙螺栓拉紧，以承担混凝土侧压力，确保不跑模，其间距根据侧压力大小为 60～150 cm。

④ 浇筑混凝土时，派专人随时检查模板支撑情况，并进行加固。

3.6.2 胀模

（1）现象：模板在水泥混凝土侧压力作用下，局部模板偏离平面，或局部模板变形鼓出，使结构物截面尺寸加大。

（2）危害：使结构物或构件的混凝土面平整度不好，竖直度超标。对于需进行架设的支撑面或缝隙，会造成不平、相顶等质量缺陷。

（3）原因分析

① 木模板厚度较小，在混凝土侧压力作用下发生挠曲变形。

② 定型组合钢模板接头处没有立柱或者钢楞尺寸规格小，使模板在混凝土侧压力的作用下发生弯曲变形，或卡具未夹紧模板。

③ 模板的水平撑或斜撑过稀，未被支撑处，模板向外凸出，模板的拐角处与端头处由于支撑薄弱而移位。

（4）预防措施

① 木模板厚度应大于 2.5 cm，梁高在 20 cm 以上时，采用厚度大于 5 cm 的木模板，且

每 0.5 m 加立柱。直接承受混凝土侧压力的模板、杆件及带木等,应保证其所产生的挠度,其截面尺寸不超过跨度的 1/400,且有足够刚度。

② 拼缝过宽的定型组合钢模板之间、侧模与底模相接处,采用夹垫薄泡沫片、薄橡胶片,并且 U 型卡扣紧,防止接缝漏浆。

③ 柱、墙模板安装前,模板承垫底部应预先用 1∶3 的水泥砂浆沿模板内边线抹成条带,如通过水准仪校正水平。

④ 当钢筋混凝土结构形状不规则时,可用钢模板和模板进行组合拼装。钢、模板接缝处,用长木螺钉将钢模边与模板紧密相接,必要时可垫夹薄泡沫片。

⑤ 端模及截面尺寸改变处,加设对拉螺栓拉紧,必要时加设立柱、拉杆以加固,防止跑模跑浆。

3.6.3　混凝土层隙或夹渣

(1)现象:现浇混凝土或钢筋混凝土有条状缝隙,并存有木屑、锯末或泥灰,称为层隙。混凝土底表面内有灰、泥、锯末成渣状,用硬物可清下,称为夹渣。

(2)危害:混凝土层隙会削弱受力结构、构件、墙壁的受力截面积,大大降低结构的抗震能力。夹渣会削弱结构主筋的混凝土保护层,加速结构主筋的锈蚀,降低混凝土结构的耐久性。

(3)原因分析:模板支好后,各种杂物未清理干净,或用水、压缩空气冲洗后积聚在梁底低处,未留清渣口排出,使残渣留在混凝土中。

(4)预防措施:在梁底模板最低处、柱脚、墙脚处,预留清渣口,待用水或压缩空气清理完成后,再将清渣口封闭。

3.7　模板工工种实训操作题

3.7.1　实训的教学目的与基本要求

本模板工程施工实训在第五学期进行,是在学生已经学习了"建筑材料""建筑结构""建筑力学""建筑测量""建筑施工技术"等课程后进行的生产性实训。目的是让学生通过现场施工操作,获得一定的施工技术的实践知识和生产技能操作体验,提高学生的动手能力,培养、巩固、加深、扩大所学的专业理论知识,为毕业实习、就业顶岗打下必要的基础。

学生可以先熟悉施工图纸、工程规范、施工质量检验评定标准,了解施工方案的工艺流程、施工方法和技术要求,以逐步适应工作的要求。

3.7.2　实训任务

本模板工工种施工实训的内容是基础承台的模板制作,基础承台的施工平面图以及剖面图如图 3-11 所示。

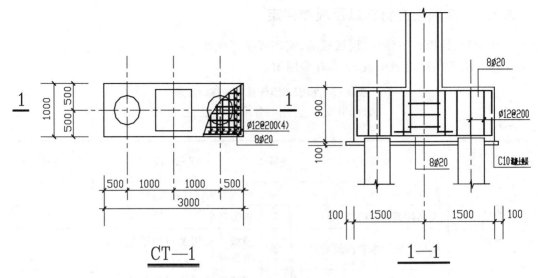

图 3 - 11　基础承台

3.7.3　实训工具和材料准备

1. 实训工具
（1）木工铅笔、墨斗
（2）三角尺、水平尺、卷尺
（3）线锤、羊角锤
（4）手锯、木框锯、平刨
（5）圆锯机
（6）经纬仪、水准仪

2. 实训材料
（1）模板面板：2440 mm×1220 mm 或 1830 mm×915 mm 胶合板，数量根据实训内容确定。
（2）木方：40 mm×20 mm，作为模板龙骨料；75 mm×50 mm，作为模板支撑料。
（3）铁钉：数量根据实训内容确定。

3.7.4　实训步骤

（1）模板方案设计
学生通过对施工图的识读，确定构件的形状以及尺寸，制定模板方案。根据模板方案以及施工图，列出模板以及相关材料的清单，进行备料。
（2）模板制作安装
学生按照要求，在规定的时间内根据相关操作要求进行制作安装，小组内做好分工。制作安装顺序：底框 ——→ 侧模 ——→ 夹木 ——→ 短撑木 ——→ 柱模 ——→ 柱箍。

3.7.5 实训上交材料以及成绩评定

上交材料:模板方案设计、模板成品、实训成绩考核评定表等。

实训成绩考核评定表见表 3-5 并参照附表 2。

表 3-5 模板工操作技能考核评定表

分组组号_____ 分组名单_____

成绩:

序号	考核内容	考核要点	配分	评分标准	检测结果	扣分	得分
1	施工交底以及作业准备	模板方案设计	10	模板方案设计合理、可行			
		工具种类齐全(扳手等)	5	种类齐全			
		模板工材料准备以及质量	5	模板以及相关材料质量要符合要求			
2	模板的制作与安装	模板、支架及垫板	5	安装现浇结构模板及支架有一定承载能力,位置应对准,并铺垫板			
		涂刷隔离剂	5	涂刷模板隔离剂不得沾污钢筋和混凝土接槎处			
		模板安装	15	模板安装应满足要求			
		用作模板的地坪与胎膜	5	用作模板的地坪、胎模等应符合要求			
		模板起拱	5	模板应按设计要求起拱			
		模板轴线位置	5	误差不超过 5,钢尺检查			
		底模上表面标高	5	误差不超过±5,水准仪或拉线、钢尺检查			
		界面内部尺寸	5	钢尺检查			
		层高垂直度	5	误差不超过 5,经纬仪或吊线、钢尺检查			
		相邻两板表面高低差	5	误差不超过 2,钢尺检查			
		表面平整度	5	误差不超过 5,2 m 靠尺及塞尺量检查			
3	安全措施	安装制作是否符合规范安全要求	5	连接牢固和稳定			
4	其他	场地清理	10	设备、工具复位,成品复原,场地清理干净,有一处不合要求扣 2 分,扣完为止			
合计			100				

评分人:_____   年   月   日

课后思考题

1. 模板工程受力计算内容有哪些?
2. 模板工程质量验收流程有哪些?
3. 模板出现胀模现象的原因是什么? 如何防治?
4. 模板的存放有哪些要求?
5. 模板拆除有哪些要求?

项目 4 钢筋工工种实训

项目重点

本章重点介绍了混凝土结构施工图的识读；钢筋加工；钢筋配料计算；掌握钢筋代换的原则、代换注意事项、代换计算力；钢筋的施工工艺及技术要求，通过本章的学习，学生应具有钢筋现场加工、绑扎及安装施工的组织能力，学习钢筋工程质量监测和校正，安全生产、文明施工、产品保护的基本知识，提高自身安全防护能力，并通过现场施工操作，获得一定的施工技术的实践知识和生产技能操作体验。

4.1 结构施工图识读

4.1.1 钢筋混凝土结构施工图的识读

建筑施工图是设计人员用以明确表达建筑外形、尺寸、材料、构造以及内部结构的工程图样，是建筑施工的依据。作为主要土建工种的钢筋工，首先要学会看懂施工图。本章重点介绍平法制图建筑结构施工图的识读。

平法的表示方法，概括来讲，是把结构构件的尺寸和配筋等，按照平面整体表示方法制图规则，整体直接表达在各类构件的结构平面布置图上，再与标准结构详图相配合，构成一套完整的结构设计图纸。这种表达方法彻底改变了将构件从结构平面布置中索引出来，再逐个绘制配筋详图的繁琐做法。

钢筋混凝土结构施工图识读要点：

（1）先要看图名、比例、单位、必要的材料、施工等说明；尺寸单位：标高为米，其他一般为毫米。

（2）逐一分析每一张图和图中的表，看懂每个构件中共有几种钢筋，每一种类型的钢筋的形状、等级、直径、长度、根数、间距等。

（3）结合标准结构详图，看清楚钢筋在构件内部的布置情况，及每根钢筋之间相互关系、交叉结点处的立体关系、钢筋的锚固长度、搭接长度等，以便为钢筋下料、成型、绑扎安装打下基础。

（4）根据所给图样看懂构件的截面尺寸和构件的编号。读懂构件的形状、尺寸等，同时看清模板中预埋件、预留孔的位置等，以便安排钢筋施工与之更好的配合。

（5）了解构件各部位的具体尺寸、保护层的厚度以及在结构系统中的位置。

（6）了解构件所用材料的用量及规格。

下面分别介绍柱、梁、板平法施工图的表示方法。

4.1.2　钢筋混凝土框架结构施工图

1. 柱平法施工图的表示方法

柱平法施工图是在柱平面布置图上采用列表注写方式或截面注写方式表达。

（1）柱平法施工图列表注写方式

列表注写方式，是在柱平面布置图上（一般只需采用适当比例绘制一张柱平面布置图，包括框架柱、框支柱、梁上柱和剪力墙上柱），分别在同一编号的柱中选择一个（有时需要选择几个）截面标注几何参数代号；在柱表中注写柱号、柱段起止标高、几何尺寸（含柱截面对轴线的偏心情况）与配筋的具体数值，并配以各种柱截面形状及其类型图，来表达柱的详细信息。柱编号由类型代号和序列号组成，参见表 4-1。

表 4-1　柱编号

柱类型	代号	序号	柱类型	代号	序号
框架柱	KZ	XX	梁上柱	LZ	XX
框支柱	KZZ	XX	剪力墙上柱	QZ	XX

柱各段的起止柱高，自柱的根部往上以截面改变位置或配筋改变处为界分段注写。框架柱和框支柱的根部标高指基础顶面标高。芯柱的根部标高指根据结构实际需要而定的起始位置标高。梁上柱的根部标高指梁顶面标高。剪力墙上柱的根部标高分两种，当柱纵筋锚固在墙顶部时，其根部标高为墙顶面标高；当柱与剪力墙重叠一层时，其根部标高为墙顶面往下一层的结构层楼面标高。

柱截面尺寸 $b \times h$ 及与轴线关系的几何参数代号 b_1、b_2 和 h_1、h_2 的具体数值 $b = b_1 + b_2$，$h = h_1 + h_2$。当截面的某一边收缩变化至与轴线重合或偏到轴线的另一侧时，b_1、b_2 和 h_1、h_2 中的某项为零或为负值。

柱纵筋：当柱纵筋直径相同，各边根数也相同时，纵筋在"全部纵筋"一栏中；除此之外，柱纵筋分角筋、截面 b 边中部筋和 h 边中部筋三项分别注写，对于采用对称配筋的矩形截面柱，可仅注一侧中部筋，对称边省略不注。

箍筋：箍筋类型号及箍筋肢数在箍筋类型栏内注写。具体工程设计的各种箍筋类型图以及箍筋复合的具体方式，画在表的上部或图中的适当位置，并在其上标注与表中对应的 b，h，并编上"类型号"。

柱箍筋信息包括钢筋级别、直径和间距。在抗震设计中，用斜线"／"区分柱端箍筋加密区与柱身非加密区长度范围内箍筋的不同间距。施工人员须根据标准构件详图的规定，在规定的几种长度值中取其最大者作为加密区长度。

例如，Φ10@100/250 表示箍筋为 HPB300 钢筋，直径 10 mm，加密区间距为 100 mm，非加密区间距为 250 mm。

当箍筋沿柱全高间距不变时，则不使用"／"线。例如，Φ10@100 表示箍筋为 HPB300 钢筋，直径 10 mm，间距为 100 mm，沿柱全高加密。

当圆柱采用螺旋箍筋时，需在箍筋前加"L"，例如，LΦ10@100／200，表示采用螺旋箍筋,HPB300 钢筋,直径 10 mm,加密区间距为 100 mm,非加密区间距 200 mm。

当柱(包括芯柱)纵筋采用搭接连接且为抗震设计时,在柱纵筋长度范围内的箍筋均应按≤5d(d 为柱纵筋较小直径)及≤100 mm 的间距加密。

(2) 柱平法施工图截面注写方式

截面注写方式,是在按标准层绘制的柱平面布置的柱截面上,分别在同一编号的柱中选择一个截面,以直接注写截面尺寸和配筋具体数值的方式来表达柱平法施工图。对所有柱截面进行编号,从相同编号中选一个截面,按另一个比例原位放大绘制柱截面配筋图,并在各配筋图上继其编号后再注写截面尺寸 $b×h$、角筋或全部纵筋、箍筋的具体数值,并在柱截面配筋图上标注柱截面与轴线关系 b_1,b_2 和 h_1,h_2 的具体数值。

当纵筋采用两种直径时,须再注写截面各边钢筋的具体数值(对于采用对称配筋的矩形截面柱,可仅在一侧注写中部筋,对称边省略不注)。

当采用截面注写方式时,可以根据具体情况,在一个柱平面布置图上用小括号"( )"和尖括号"〈 〉"来区分和表达不同标准层的注写数值。

2. 梁平法施工图表示方法

梁平法施工图是在梁平面图上采用平面注写方式或截面注写方式表达。

(1) 平面注写方式

平面注写方式,是在梁平面布置图上,分别在不同编号中各选一根梁,在其上注写截面尺寸和配筋具体数值的方式来表达梁平面施工图。

平面注写包括集中标注与原位标注,集中标注表达梁的通用数值,原位标注表达梁的特殊数值。当集中标注中的某项数值不适用于梁的某部位时,则将该项数值原位标注,施工时原位标注取值优先。

① 梁集中标注

梁集中标注的内容,有五项必注值及若干项选注值。

梁编号为必注值。梁编号参见表 4-2。

表 4-2　梁编号

梁类型	代号	序号	跨数及是否带有悬挑
楼层框架梁	KL	XX	(XX)、(XXA)或(XXB)
屋面框架梁	WKL	XX	(XX)、(XXA)或(XXB)
框支梁	KZL	XX	(XX)、(XXA)或(XXB)
非框架梁	L	XX	(XX)、(XXA)或(XXB)
悬挑梁	XL	XX	(XX)、(XXA)或(XXB)

注:(XXA)为一端有悬挑;(XXB)为两端有悬挑。悬挑不计入跨数。例如,KL$_7$(5A)表示 7 号框梁,5 跨,一端有悬挑。

梁截面尺寸,该项为必注值。当为等截面时,用 $b×h$ 表示;当为加腋梁时,用 $b×h$ Y$c_1×c_2$ 表示,其中 c_1 为腋长,c_2 为腋高;当有悬挑梁且根部和端部的高度不同时,用斜线分隔根部与端部的高度值,即为 $b×h_1/h_2$。

梁箍筋,包括钢筋级别、直径、加密区间距及肢数为必注值。箍筋加密区与非加密区的不同间距及肢数需用斜线"/"分隔;当梁箍筋为同一种间距及肢数时则不用斜线;当加密区与非加密区的箍筋肢数相同时,则将肢数注写一次;箍筋肢数应写在括号内。

例如,Φ10@100/200(4),表示箍筋为 HPB300 钢筋,直径 10 mm,加密区间距为 100 mm,非加密区间距为 200 mm,均为四肢箍。

Φ10@100(4)/150(2),表示箍筋为 HPB300 钢筋,直径 10 mm,加密区间距为100 mm,四肢箍;非加密区间距为 150 mm,两肢箍。

梁上部贯通筋或架立筋根数为必注值。当同排纵筋既有贯通筋,又有架立筋时,应用加号"+"将贯通筋和架立筋相联。注写时须将角部纵筋写在加号的前面,架立筋写在加号后面的括号内,以示不同直径及与通长筋的区别。当全部采用架立筋时,则将其写入括号内。

梁的侧面配有纵向构造筋或受扭钢筋时,当梁腹板高度 h_w≥450 mm 时,须配置纵向构造钢筋。此项注写值以大写字母 G 打头,接连注写设置在梁两个侧面总配筋值,且对称配置。当梁侧配置受扭纵向钢筋时,此项注写以大写字母 N 打头,接续注写配置在梁两个侧面的总配筋值,且对称配置。

② 梁原位标注

梁支座上部纵筋,该部位含通长筋在内的所有纵筋。

当上部纵筋多于一排时,用斜线"/"将各排纵筋自上而下分开。例如,梁支座上部纵筋注写为 6Φ25　4/2,则表示上一排纵筋为 4Φ25,下一排纵筋为 2Φ25。

当同一排纵筋有两种直径时,用加号"+"将两种直径的纵筋相连,前面的为角部纵筋。例如,梁支座上部有四根纵筋,注写为 2Φ25+2Φ22,则表示 2Φ25 放在角部,2Φ22 放在中部。

当梁中间支座两边的上部纵筋不同时,须在支座两边分别标注;当梁中间支座两边的上部纵筋相同时,可仅在支座的一边标注配筋值,另一边省去不注。

梁的下部纵筋,当下部纵筋多于一排时,用斜线"/"将各排纵筋自上而下分开。例如,梁下部纵筋为 6Φ25　2/4。则表示上一排纵筋为 2Φ25,下一排纵筋为 4Φ25,全部伸入支座。

当同排纵筋有两种直径时,用加号"+"连接两种直径的纵筋,角筋注写在前面。

当梁下部纵筋不全部伸入支座时,将支座下纵筋减少的数量写在括号内。例如,梁下部纵筋为 6Φ25(-2)/4,则表示上排纵筋为 2Φ25 且不伸入支座;下一排纵筋为 4Φ25,全部伸入支座。

梁下部纵筋为 2Φ25+3Φ22(-3)/5Φ25,则表示上排纵筋为 2Φ25 和 3Φ22,其中 3Φ22 不伸入支座;下一排纵筋为 5Φ25,全部伸入支座。

当梁高大于 700 mm 时,需设置的侧面纵向构造钢筋按标准构造详图施工,设计图中不注。

附加箍筋或吊筋,将其直接画在平面图中的主梁上,用线引注总配筋值。

(2)截面注写方式

截面注写方式,是在标准层绘制的梁平面布置图上分别在不同编号的梁中各选择一根梁用剖面号引出配筋图,并在其上注写截面尺寸和配筋具体数值的方式。

在截面配筋图上注写截面尺寸 $b \times h$、上部筋、下部筋、侧面筋和箍筋的具体数值时,其表达形式与平面注写方式相同。

截面注写方式既可以单独使用,也可与平面注写方式结合使用。

4.1.3　钢筋混凝土楼板结构施工图

在现浇板配筋平面图中,每种规格的钢筋只画一根,按其立面形状画在钢筋安放的位置上。当板中有双层钢筋时,底层钢筋弯钩应向上或向左画出,顶层钢筋弯钩应向下或向右画出。与受力筋垂直的分布筋不应画出,但应画在钢筋表中或用文字加以说明。

钢筋混凝土现浇板配筋图示例如图 4-1 所示。该图为 XB1 板,厚度为 70 mm。图中细实线表示可见的板、梁的轮廓线,细虚线表示板下不可见梁的轮廓线。粗实线表示的是板内的钢筋。图中编号①～⑥的钢筋为受力筋,两端有半圆弯钩。编号⑦～⑩为构造筋,两端有直角弯钩。其中①号筋为 Φ6@200,表示①号钢筋为直径 6 mm 的 HPB300 级钢筋,间距为 200 mm。其他编号的钢筋表示方式与此类同。

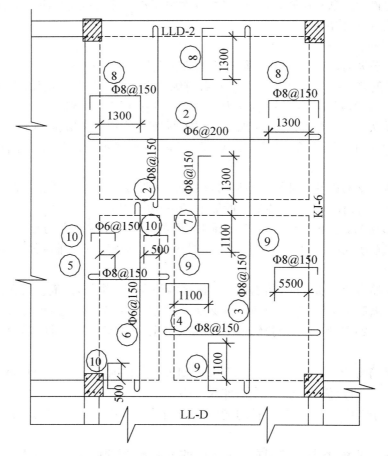

图 4-1　钢筋混凝土现浇板配筋图示例

4.2　料具准备

4.2.1　钢筋的进场程序

钢筋是钢筋混凝土结构中主要受力材料,钢筋质量是否符合标准,将直接影响建筑物的使用和安全,所以施工中对钢筋原材料的进场验收工作要十分重视。

钢筋进场验收程序如图 4-2 所示。

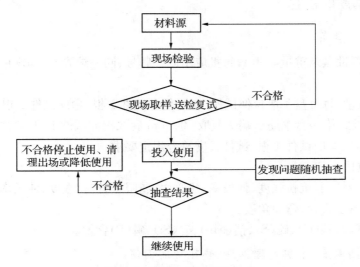

图 4-2　钢筋进场验收程序

4.2.2　钢筋原材料的验收

1. 一般项目

(1) 验收标准:钢筋应平直,表面不得有裂纹、油污、颗粒状或片状老锈。

(2) 检查数量:进场时和使用前全数检查。

(3) 检验方法:观察。

2. 主控项目

(1) 力学性能检验

验收标准:按现行国家标准《钢筋混凝土用热轧带肋钢筋》GB 1499 等的规定抽取试件做力学性能检验,其质量必须符合有关标准的规定。

检查数量:按进场的批次和产品的抽样检验方案确定。

检验方法:检查产品合格证、出厂检验报告和进场复验报告。

(2) 抗震结构

验收标准:对有抗震设防要求的框架结构,其纵向受力钢筋的强度应满足设计要求。当设计无具体要求时,对于一、二级抗震等级,检验所得的强度实测值应符合下列规定:钢筋的屈服强度实测值与强度标准值的比值≤1.3;钢筋的抗拉强度实测值与屈服强度实测值的比值≥1.25。

检查数量:按进场的批次和产品的抽样检验方法确定。

检验方法:检查产品合格证、出厂检验报告和进场复验报告。

(3)化学成分检验或其他专项检验

验收标准:当发现钢筋脆断、焊接不良或力学性能明显不正常时,应对该批次钢筋进行化学成分检验或其他专项检验。

4.2.3　钢筋的检验

1. 热轧圆钢盘条

(1)组批:每批盘条重量≤60 t,每批应由同一牌号、同一炉罐号、同规格、同一交货状态的钢筋组成。

(2)取样数量:每批盘条取拉伸试件1根、化学试件1根、弯曲试件2根。

(3)取样方法:第一盘钢筋从端头截取500 mm后取拉伸试件1根、弯曲试件1根;第二盘钢筋从端头截取弯曲试件1根,试件长度符合规定要求。

(4)检验项目

拉力试验:冷拉用,抗拉强度、伸长率;建筑用,屈服点、抗拉强度、伸长率。

弯曲试验:弯心直径、弯曲角度。

化学成分试验:碳(C)、硫(S)、锰(Mn)、硅(Si)、磷(P)含量。

2. 热轧光圆钢筋、余热处理钢筋、热轧带肋钢筋

(1)组批:每批重量≤60 t,每批应由同一牌号、同一炉罐号、同一规格、同一交货状态的钢筋组成。

(2)取样数量:每批取拉伸试件2根、弯曲试件2根、化学分析试件1根。

(3)取样方法:任取2根钢筋,从一端头截去500 mm后取拉伸试件1根、弯曲试件1根;从另一端截去500 mm后取拉伸试件1根、弯曲试件1根;从另一头钢筋中抽取化学试件1根。

(4)检验项目:拉伸试验,屈服点、抗拉强度、伸长率;弯曲试验,弯心直径、弯曲角度;化学成分,碳(C)、硫(S)、锰(Mn)、硅(Si)、磷(P)含量。

3. 冷轧带肋钢筋

(1)组批:每批取≤60 t,同一牌号、同一规格、同一级别、同一交货状态的钢筋组成,不足60 t也按一批计。

(2)取样数量:每批取拉伸试件1根、弯曲试件2根、化学分析试件1根。

(3)取样方法:每盘钢筋从端头截去500 mm后,切拉伸试件1根;弯曲试件应从每批材料中,从切取拉力试件后的钢筋中任取两盘,每一盘上切取弯曲试件1根、化学试件1根,在另一盘上切取弯曲试件1根。

(4)检验项目:拉伸试验,屈服点、抗拉强度、伸长率;弯曲试验,弯心直径、弯曲角度;化学成分,碳(C)、硫(S)、锰(Mn)、硅(Si)、磷(P)含量。

4. 冷轧扭钢筋

（1）组批：每批应由同一牌号、同一规格、同一台轧机、同一台班的钢筋组成，且≤10 t，不足 10 t，按一批计。

（2）取样数量：每批取拉伸试件 2 根、弯曲试件 1 根。

（3）取样方法：从每批钢筋中随机抽取 3 根钢筋，各取一个试件。其中两个试件做拉伸试验，一个试件做弯曲试验，试件长度不小于 500 mm。

（4）检验项目：拉伸试验，屈服点、抗拉强度、伸长率；弯曲试验，弯心直径、弯曲角度。

5. 预应力混凝土用钢丝

（1）组批：每批由同一牌号、同一规格、同一强度等级、同一生产工艺制造的钢丝组成，每批重量≤60 t。

（2）取样数量：每批取拉伸试件 2 根、弯曲试件 1 根。

（3）取样方法：每盘钢丝的两端截取拉伸试验 2 根、弯曲试验 1 根。

（4）检验项目：抗拉试验，抗拉强度、伸长率；反复弯曲试验，弯曲角度、弯曲次数。

6. 钢绞线

（1）组批：预应力钢绞线应成批验收。每批由同一钢号、同一规格、同一生产工艺制造的钢绞线组成，每一批重量≤60 t。

（2）取样数量：每批取拉伸试件 3 根，如每批少于 3 盘，则逐盘检验。

（3）取样方法：在每批钢绞线中选取 3 盘，从每盘所选的钢绞线端部正常部位截取 1 根试样，试样长度不少于 800 mm。

（4）检验项目：拉力试验，测破坏负荷、伸长率。

7. 预应力混凝土用钢棒

（1）组批：预应力混凝土用钢棒应成批验收，每批由同一钢号、同一外形、同一公称截面尺寸、同一热处理制度加工的钢棒组成。

（2）取样数量：各试验项目数量为 1 根。

（3）取样方法：不论交货状态是盘或直条，试件均在端部取样，各试验项目取样数量均为 1 根。

（4）检验项目：抗拉强度、伸长率、平直度。

以上试验结果有不符合标准要求项，则从同一批取双倍数量的试件进行不合格项目的复试。复试结果仍有指标不合格，则该批材料不合格。

4.2.4　钢筋力学性能检验的试验制备长度

拉伸试件长度：

$$L = L_0 + 3d + 2h$$

式中：L_0——试件原始标距，钢筋取 $5d$（短试件）和 $10d$（长试件），钢丝取 100 mm 或 200 mm；

　　　d——钢筋直径（mm）；

　　　h——试件夹持长度（mm，不确定时可取 $h = 120$ mm）。

弯曲试件长度:

$$L=0.5\pi(d+a)+140$$

式中:d——弯心直径(mm);

a——试件直径(mm)。

(3) 钢筋(丝)反复弯曲试样长度一般按 200 mm 切取。

(4) 钢筋力学性能试验及试验报告单

1) 钢筋力学性能试验

① 钢筋拉伸试验:依据国家钢筋材质标准的规定,通过试验求得屈服强度、抗拉强度和伸长率等指标,确认钢筋拉伸力学性能是否符合有关技术标准的规定,评定钢筋力学性能是否合格。

② 钢筋的弯曲试验:是建筑钢材的主要工艺性能试验,用以测定钢筋在冷加工时承受变形的能力,是判定钢筋质量的重要指标之一。

2) 钢筋试验报告单及识读

钢筋力学性能试验得出的数据填入钢筋试验报告单,加盖试验单位及技术监理部门的印章后,即成为具有法律效力的钢筋有关性能质量的依据。钢筋试验报告单见表4-3。

识读钢筋试验报告单时应注意以下内容:

① 核对工程名称是否相符;

② 核对试件名称及编号是否与实际的钢筋相符;

③ 核对是否符合钢筋混凝土构件和预应力钢筋混凝土构件所用钢筋的质量标准,即将试验报告单中的有关数据与钢筋质量标准中的力学性能和冷弯试验的标准值相比较;

④ 核对钢筋试验时的试样采取方法是否正确;

⑤ 检查试验报告是否盖有试验单位及技术监理部门的印章,确定试验报告单的有效性;

⑥ 掌握各种钢筋试验结果的核对方法及其不同试验结果的处理方法。

表4-3 钢筋力学性能试验报告

委托单位		报告编号						年 月 日	

委托编号:　　　　　工程名称:　　　　　试验日期:　　　年　月　日

原件名称:　　　　　工程部位:　　　　　送样日期:　　　年　月　日

出厂证明号:

原样编号	试样称呼钢号	试件尺寸/mm		屈服点		抗拉强度		伸长率/δ%	断口处特征	冷弯/d	鉴定意见
		直径	宽×高	荷重/kN	强度/MPa	荷重/kN	强度/MPa				
备注											

4.2.5　钢预应力混凝土施工机具知识

1. 预应力混凝土基本概念

在正常使用条件下,普通钢筋混凝土结构受弯构件受拉区极易出现开裂现象,使构件处于带裂缝工作阶段。为了保证结构的耐久性,裂缝宽度一般应限定在 0.2～0.3 mm 以内,此时钢筋应力仅为 150～250 MPa。目前,高强度钢筋的强度设计值已超过 1000 MPa,所以在普通钢筋混凝土结构中,采用高强度钢筋无法发挥其应有的作用,即普通钢筋混凝土结构限制了高强度钢材的应用。随着施工技术水平的不断提高,预应力混凝土施工工艺的出现,较好地解决了这一矛盾。

预应力混凝土施工,是在构件承受荷载以前,预先对受拉区混凝土施加压力,使其产生预压应力,当构件承受使用荷载而产生拉应力时,首先要抵消混凝土的预压应力,然后随着荷载的增加,受拉区混凝土产生拉应力。因此,可推迟混凝土裂缝的出现和开展,提高构件的抗裂性和刚度,以满足使用要求。

预应力混凝土与普通混凝土相比,具有以下的特点:

(1) 提高混凝土的抗裂度和刚度,从而提高了构件的刚度和整体性。

(2) 增强构件的耐久性,相应延长混凝土构件的使用寿命。

(3) 节约材料,降低成本(一般可节约 15% 左右),并且增大了建筑物的使用空间,从整体上减轻了结构自重,提高了抗震能力,为发展重载、大跨、大开间结构体系创造了条件。

(4) 使用范围广。可用于大跨度预制混凝土屋面梁、屋架、吊车梁等工业厂房构件预应力简支桥架、连续桥梁等大跨度桥梁、水工结构、核电站安全壳、电视塔、圆形水池与筒仓等大型特种结构。

(5) 制作成本较高,对材料要求较高。要求预应力混凝土结构的混凝土强度等级不低于 C30,当采用碳素钢丝、钢绞线、热处理钢筋做预应力筋时,混凝土的强度等级不宜低于 C40。

预应力混凝土工程,按照施加预应力的方式,分为机械张拉和电张拉两类;按施加预应力的时间,分为先张法和后张法两类。在后张法中,预应力又可分为有黏结和无黏结两种。

2. 锚具、夹具

锚具和夹具是制作预应力构件施工过程中张拉预应力筋后锚夹预应力筋的部件。锚具是后张法结构或构件中为保持预应力筋拉力并将其传递到混凝土上用的永久性锚固装置。夹具是先张法构件施工时为保持预应力筋拉力并将其固定在张拉台座(或钢模)上用的临时性锚固装置。后张法张拉用的夹具又称工具锚,是将千斤顶(或其他张拉设备)的张拉力传递到预应力筋的装置。

锚具和夹具的种类很多,按外形可分为螺杆式、镦头式、夹片式、锥销式、挤压式等;按使用部位可分为张拉端锚具、锚固端锚具、工具锚具;按作用机理可分为磨阻型、握裹型和承压型。摩阻型锚、夹具主要依靠摩阻力夹持预应力筋,包括锲片式、锥销式、夹片式和波浪式。握裹型锚、夹具主要依靠握裹力锚夹预应力筋,包括挤压锚具、压花类锚具。承压型锚夹具则主要依靠承压力和抗剪力锚夹预应力筋,包括螺杆式、镦头式帮条锚具。

先张法常采用锥形锚具、波形夹具、镦头夹具等钢丝锚夹具和螺杆锚具、锥销夹具、帮条锚具等粗钢筋锚夹具。后张法张拉端常采用夹片式锚具、镦头式锚具、钢制锥形锚具等。选择使用锚夹具主要根据构件外形,预应力的品种、规格、数量以及配用的张拉设备等条件,其目的是保证预应力筋安全可靠地锚固。

（1）摩阻型锚、夹具

摩阻型锚、夹具是利用楔形锚固原理,借张拉回缩带动锚楔或锥销将钢筋楔紧而锚固。摩阻型锚、夹具按其构造形式,可分为楔片式、锥销式、夹片式和波浪式等几种。

① 楔片式锚、夹具

由楔片和带有楔形孔的锚板组成,多用于锚夹钢丝,如图4-3所示。使用时,必须打紧楔片才能锚夹钢丝,而能否打紧楔片的关键在于停止打击时,楔片仍能在原位处于平衡即自锁,并且在传力时,楔片在钢丝挟带下能够进一步相互挤紧,最后达到摩阻力与钢丝拉力平衡、钢丝不再滑移,形成自锚的目的。

② 锥销式锚、夹具

由锚圈(环)和锚塞组成,用于锚夹钢丝、钢丝束、钢绞线束和小直径的钢筋,如图4-4所示。锚夹原理同楔片式锚、夹具。

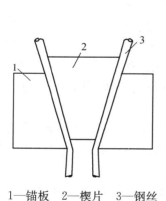

1—锚板　2—楔片　3—钢丝

图4-3　楔片式锚、夹具

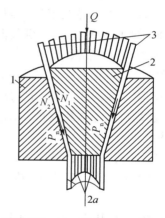

1—锚圈(环)　2—锚塞　3—预应力筋

图4-4　锥销式锚、夹具

我国常用的锥销式锚、夹具形式较多,具体介绍以下三种:钢质锥形锚具、可锻铸铁锚具(KT-Z型锚具)、锥型螺杆锚具。

钢质锥形锚具,如图4-5所示,它是由锚圈(环)及锚塞组成。钢质锥形锚具适用于锚固以锥锚式千斤顶(双作用或三作用千斤顶)张拉的钢丝束,每束由12～24根直径5 mm的碳素钢丝组成。

1—锚圈　2—锚塞

图4-5　钢质锥形锚具

使用时,通过调整千斤卡盘(张拉设备)上楔片的松紧,使各根钢丝受力均匀,然后进行成束张拉。张拉到要求吨位后,顶压锚塞,顶压力不应低于张拉力的 60%。此时锚塞被顶入锚圈,钢丝被夹紧在锚塞周围。锚塞上刻有细齿槽,夹紧钢丝后可防止滑移。

这种锚具用 45♯ 钢制作,加工精度要求高,锚圈内壁与锚塞锥度要吻合,锚塞热处理硬度 HRC55~58,锚圈须经磁力探伤,无内伤才可使用。

可锻铸铁锚具即 KT-Z 型锚具,如图 4-6 所示。这种锚具由锚环和锚塞组成,锚环呈带凸边的圆筒形,中间开有圆锥孔;锥形锚塞上带有外宽内窄的槽口;用 KT37-12 或 KT35-10 可锻造成型。

该种锚具在后张法预加应力中,适用于锚固 3~6 根直径为 12 mm 的冷拉螺纹钢筋与钢筋束以及 3~6 根直径 12 mm 的钢绞线束。

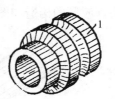

1—锚环　2—锚塞

图 4-6　KT-Z 型锚具

锥形螺杆锚具由锥形螺杆、套筒、垫板及螺母组成。如图 4-7 所示。该种锚具的锥形螺杆和套筒均采用 45♯ 钢制作;螺母和垫板采用 15♯ 钢制作。锥形螺杆锚具适用于锚固 14~28 根 φ3~5 mm 钢丝束。锥形螺杆锚具其外径较大,为了减小构件孔道直径,一般仅在构件两端扩大孔道,因其锚具不能穿过预应力筋孔道,所以,预应力钢丝束只能预先组装一端的锚具,而另一端则在钢丝束穿过孔道后在现场组装。

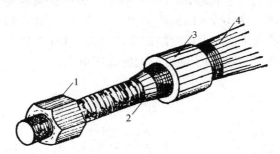

1—螺母　2—锥形螺杆　3—套筒　4—钢丝

图 4-7　锥形螺杆锚具

采用锥形螺杆锚具时,锚具的组装是重要环节。如图 4-8 所示,首先把钢丝放在锥形螺杆的锥体部分,使钢丝均匀、整齐地贴紧锥体;然后套上套筒,同锤子将套筒均匀地打紧;最后用拉伸机使锥形螺杆的锥体部分进入套筒,并使套筒发生变形,从而使钢丝和锥形锚具的套筒、端杆锚成一个整体,这个过程称为预顶。预顶的张拉力为预应力筋张拉力的 120%~130%,可使钢丝束牢固地锚在锚具内,张拉时不致滑动。

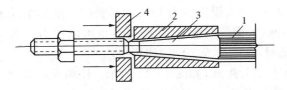

1—钢丝　2—套筒　3—锥形螺杆　4—压圈

图 4-8　锥形螺杆锚具安装图

③ 夹片式锚具

夹片式锚具是指多根钢筋夹片式锚具与夹具。主要有 JM,XM,QM,OVM 锚具。它由锚环和环状排列的夹片组成。这类锚具有两个特点,一是被锚夹的预应力筋在锚具中不必弯折,因而它既适用于钢丝束、钢绞线束,又适用于钢筋束;二是对预应力筋直径偏差的敏感性小,锚夹十分可靠。目前采用此类锚、夹具即多根预应力筋夹片式锚、夹具的情况较多。夹片式锚、夹具锚、夹预应筋的构造如图 4-9 所示。

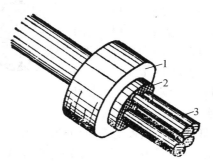

1—锚环　2—夹片　3—钢筋束

图 4-9　夹片式锚、夹具

JM 型锚具由锚环与夹片组成,如图 4-10 所示。该种锚具的夹片属于分体组合型,组合的夹片形成一个整体锥形楔块,可以锚固多根预应力筋,因此,锚环是单孔的。锚固预应力筋时,用穿心式千斤顶张拉预应力筋后随即顶进夹片。JM 型锚具的特点是尺寸小,端部不需扩孔,锚环构造简单,但不适用于吨位较大的锚固单元。

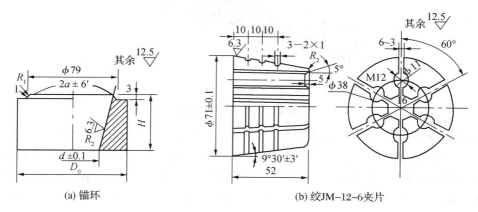

(a) 锚环　　　　　　　(b) 绞JM-12-6夹片

图 4-10　JM 型锚具

JM 型锚具可用于锚固 3～6 根直径为 12 mm 的光圆或变形钢筋束,也可用于锚固 5～6 根直径为 12 mm 或 15 mm 的钢绞线束。JM 型锚具也可以作为工具锚重复使用,发现夹筋孔的齿纹有轻度的损伤时,即应改为工作锚使用。

XM 型锚具由锚板和夹片组成,如图 4-11 所示。锚板的具体尺寸由锚孔数确定,锚孔沿锚板圆周排列,中心线倾角 1:20,与锚板顶面垂直。夹片为 120° 均分斜开缝三片式,开缝沿轴向的偏转角与钢绞线的扭角相反。

XM 型锚具的特点是每根钢绞线都是分开锚固的,任何一根钢绞线的失效不会引起整束锚固失效。XM 型锚具也可作为工具锚与工具锚使用。当工具锚使用时,可在夹片和锚板之间涂抹一层固体润滑剂(如石蜡、石墨等),以利于使用后的夹片松脱。用作工具锚时,由于有时需要连续反复进行张拉的操作,因而可以用行程不大的千斤顶张拉任意长度的钢绞线。

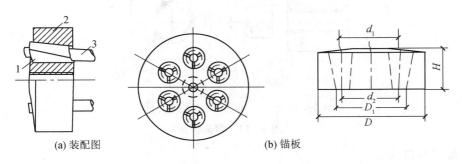

(a) 装配图　　　　　　　　　　　　(b) 锚板

1—夹片　2—锚板　3—钢绞线

图 4 - 11　XM 型锚具

锚板与夹片组成相似,与 XM 型锚具的不同之处为该种锚具的锚板顶面是平的,锚孔垂直于锚板顶面,夹片为两片式垂直开缝(带钢丝圈),合理确定锚具尺寸;此外,还备有配套的喇叭形铸铁垫板与弹簧圈等;由于灌浆孔设在垫板上,则锚板尺寸须稍小;该锚固体系还配有专门的工具锚。QM 型锚具构造的规格尺寸及锚固预应力筋的形式如图 4 - 12 所示。

QM 型锚具主要用于锚固 $7\Phi^{s4}$ 以上的钢绞线。

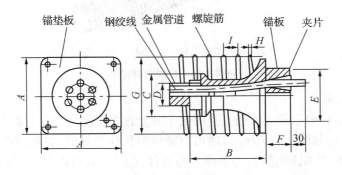

锚垫板　　钢绞线　金属管道　螺旋筋　　　锚板　夹片

图 4 - 12　QM 型锚具及配件

OVM 型锚具原理与 XM,QM 型锚具类同,但夹片为两片式,片上有一条开缝槽,锚固 7φS4 钢绞丝与 7φS5 钢绞丝。适用于强度 1860 MPa、直径 12.7~15.7 mm、3~55 根钢绞线。

XM,QM,OVM 型锚具,由于张拉力大,锚固 6 根以上钢绞丝较为适宜,预留孔道端部均应扩孔。对于锚固 6 根钢绞丝以下的端部构造与 JM 型相比,尺寸应扩大,锚固效率系数略高,可适用有黏结的直线、曲线束。

(2) 承压型锚、夹具

① 帮条式锚具

如图 4 - 13 所示为帮条锚具,它可作为冷拉 HRB335 级以上的预应力筋固定端锚具。制作时,帮条采用与预应力筋同级别的钢筋,垫板采用 15♯钢。焊装帮条时,三根帮条应互成 120°,与垫板相接触的截面应在一个垂直平面上,以免受力时产生扭曲;施焊方向应由里向外,引弧及熄弧应在帮条上,严禁在预应力筋上引弧并严禁将地线搭在预应力钢筋上。

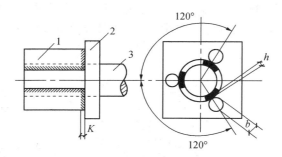

1—帮条 2—衬板 3—预应力筋

图 4-13 帮条锚具

② 螺纹端杆锚具

由螺纹端杆、螺母和垫板组成,如图 4-14 所示。该锚具适用于锚固直径不大于 36 mm 的冷拉 HRB335 级以上的钢筋。螺纹端杆采用 45♯ 钢制作;垫板螺母采用 15♯ 钢制作。螺纹端杆长度一般为 320 mm;当预应力构件长度大于 300 mm 时,一般采用 370 mm。螺纹端杆与预应力筋的焊接,应在预应力筋冷拉前进行,以检验焊接质量。

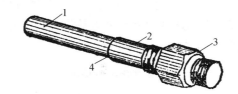

1—钢筋 2—螺丝端杆 3—螺母 4—焊接接头

图 4-14 螺纹端杆锚具

③ 镦头锚、夹具

这种方法(工具)根据预应力筋直径的大小和能否重复使用又分为如下两类:

第一镦头锚具:如图 4-15 所示,使用钢筋作为预应力筋时,将钢筋端部制成镦头并用垫板卡住镦粗头方式锚固钢筋。当预应力筋直径在 22 mm 以内时,可用对焊机热镦镦头;当钢筋直径较大时,可采用加热锻打制作镦头。

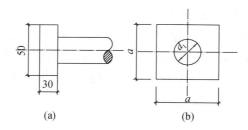

(a)   (b)

图 4-15 镦头锚具

第二镦头夹具:如图 4-16 所示,使用钢丝作为预应力筋时,用承力板(卡板)卡住钢丝镦头锚固钢丝。采用镦头机冷镦制作镦头。

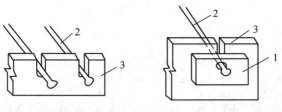

1—垫片　2—镦头钢丝　3—承力板

图 4－16　固定端镦头夹具

采用模外张拉工艺生产多根钢丝预应力筋的预应力构件时,将带镦头的钢丝一端卡在固定梳筋板内,另一端卡在张拉端活动梳筋板的槽内,可通过此活动梳筋板进行成组钢丝一次张拉,这种梳筋板称为"梳筋板镦头夹具",如图 4－17 所示。

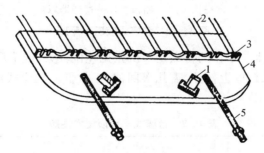

1—张拉钩槽口　2—钢丝　3—钢丝镦头　4—梳筋板　5—锚固螺杆

图 4－17　梳筋板镦头夹具

(3)握裹型锚、夹具

握裹型锚、夹具按照握裹力形成的方式,分为挤压式和浇铸式两种。

挤压式锚具:握裹预应力筋是通过它的某些零件,在强大挤压力作用下发生塑性变形,紧紧握裹住预应力筋实现的。

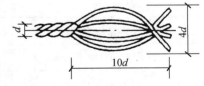

浇铸式锚具:是利用它与预应力筋装配时浇筑的混凝土材料实现对预应力筋的握裹。如图 4－18 所示压花式埋入锚具即为一种握裹型锚具。

图 4－18　压花式埋入锚具

握裹型锚、夹具因其耗钢量大,装配复杂,故较少采用,一般只在特殊情况下采用。

3. 张拉设备

张拉设备是指张拉预应力筋的机械。张拉设备的种类比较多,并随着科技的进步在不断地改进。在先张法施工中,常用的张拉机械有台座式液压千斤顶、电动螺杆张拉机、电动卷扬张拉机等;在后法施工中,常用的张拉机械有拉杆式千斤顶、穿心式千斤顶、锥锚式千斤顶及液压传动用的高压油泵和多接油管等。

(1)台座式液压千斤顶

台座式液压千斤顶机械代号为 YT。这类机械是用在先张法三横梁式或四横梁式台座上,将预应力筋成组整体张拉或放松的设备,如图 4－19 所示。

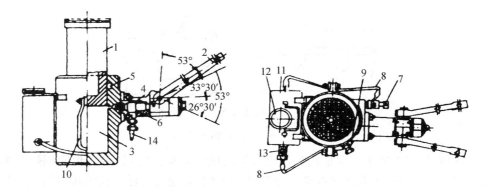

1—活塞　2—手柄　3—液压缸　4—油泵　5—皮圈　6—活门装配件　7—回油阀　8—夹布橡皮管
9—压力表连接器　10—千斤顶吊钩　11—油箱　12—过滤器罩　13—通油开关　14—进油管

图 4-19　台座式液压千斤顶

台座式液压千斤顶张拉工作的特点是一次张拉吨位较大；但千斤顶行程小，不能满足长度较大台座的需要；在长台座上作业，需几次回油，工效低。台座式液压千斤顶的技术性能见表 4-2。

表 4-2　台座式千斤顶技术性能

项　目	YT1200	YT3000
额定油压/MPa	50	50
张拉行程/mm	300	500
张拉缸活塞面积/cm²	250	627.5
理论张拉力/kN	1250	3138
公称张拉力/kN	1200	3000
回程缸液压面积/cm²	160	313.4
回程油压/MPa	<10	<25
外形尺寸/mm	φ250×595	400×400×1025
质量/kg	150	

（2）电动螺杆张拉机

电动螺杆张拉机机械代号为 DL。电动螺杆张拉机既可以张拉预应力钢筋，也可以张拉预应力钢丝，主要用于预制厂长线台座上张拉冷拔钢丝，它由张拉螺杆、电动机、变速箱、测力装置、拉力架、承力架与张拉夹具等组成，如图 4-20 所示。电螺杆张拉机工作最大张拉力为 300～600 kN，张拉行程为 800 mm，张拉速度 2 m/min，自重 400 kg。为了便于工作和转移，电动螺杆张拉机装设在有车轮的小车上。

如图 4-20 所示，电动螺杆张拉机工作时，顶杆 5 支承在台座的横梁 13 上，用张拉夹具 4 夹紧预应力筋 14，开动电机 6 使螺杆 1 向右侧运动，对预应力筋进行张拉，达到控制应力

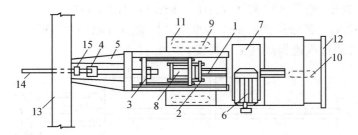

1—螺杆　2,3—拉力架　4—张拉夹具　5—顶杆　6—电动机　7—齿轮减速箱
8—测力计　9,10—车轮　11—底盘　12—手把　13—横梁　14—钢筋　15—锚固夹具

图 4-20　电动螺杆张拉机

要求时停车,并用预先套好的锚固夹具 15 将预应力筋临时锚固在台座的横梁上,然后开倒车,使电动螺杆张拉机卸荷。这种电动螺杆张拉机具有运动稳定、螺杆有自锁能力、张拉速度快、行程大等特点。

电动螺杆张拉机操作时,按张拉力数值调整测力计标尺,将钢丝插入钢丝钳中夹住,开动电动机,螺杆向后运动,钢丝即被张拉。当达到张拉力数值时,电动机自动停止转动。锚固好钢丝后,使电动机反向旋转。此时,螺杆向前运动。放松钢丝,完成一次张拉操作。

(3)电动卷扬张拉机

电动卷扬张拉机机械代号为 LY。简称卷扬机,主要用于长线台座上张拉冷拔低碳钢丝。该机型号分为 LYZ-1A 型(支撑式)和 LYZ-1B 型(夹轨式)两种。A 型适用于多种形式的预制场地,移动变换场地方便,如图 4-21 所示;B 型适用于固定式大型预制场地,左右移动轻便、灵活迅速,生产效率高。

LYZ-1A 型由电动力卷扬机、弹簧测力计、电器自动控制装置及专用夹具等组成。卷扬机由电动机、变速箱及卷筒三部分组成。常用的 LYZ-1A 型电动卷扬机最大张拉力为 10 kN,张拉行程 5 m,张拉速度 2.5 m/min,电机功率 0.75 kW。

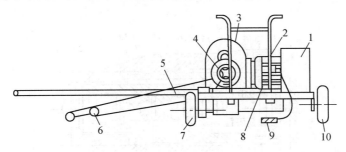

1—电气箱　2—电动机　3—变速箱　4—卷筒　5—撑杆
6—夹钳　7—前轮　8—测力计　9—开关　10—后轮

图 4-21　LYZ-1A 型张拉机

使用电动卷扬张拉机进行预应力筋张拉的工作过程如图 4-22 所示。钢丝的一端用镦头或锚固夹具固定在台座的后横梁上,另一端借张拉夹具与弹簧测力计相连,弹簧测力计又与卷扬机的钢丝绳连接,因此开动卷扬机,即可张拉钢丝。钢丝的拉力由弹簧测力计控制,当达到控制应力时,用预先套在钢丝上的锚固夹具将预应力钢丝锚固在台座的前横梁上。

此时即可倒开卷扬机,松开张拉夹具进行下一根预应力钢丝的张拉。

LYZ-1型电动卷扬张拉机的工作特点是张拉能力有限,并且弹簧测力精度较差,但机械构造简单,故可通过改进提高其工作性能。

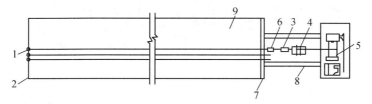

1—镦头或锚固夹具   2—后横梁   3—张拉夹具   4—弹簧测力计
5—电动卷扬机   6—锚固夹具   7—前横梁   8—顶杆   9—台座

图4-22   电动卷扬机张拉示意图

（4）拉杆式千斤顶

拉杆式千斤顶机械代号为YL。拉杆式千斤顶主要适用于张拉带有螺丝端杆锚具或夹具、镦头锚具或夹具的单根粗钢筋及钢丝束,也可用于钢筋束的预应力筋张拉。拉杆式千斤顶构造相对简单,操作方便,应用范围较广。YL600型千斤顶是一种常用的拉杆式千斤顶,其构造如图4-23所示。

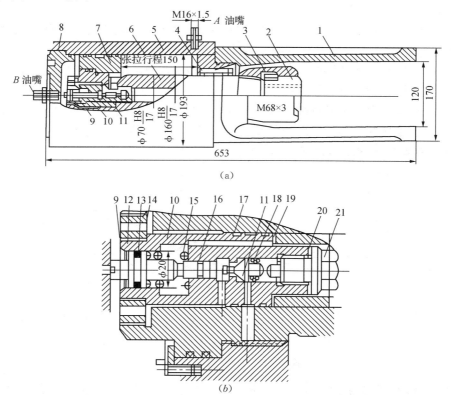

1—撑脚   2—张拉头   3—连接头   4—锡青铜衬套   5—液压缸   6—拉杆   7—球铁活塞
8—端盖   9—差动阀活塞杆   10—阀体   11—锥阀   12—弹簧挡圈   13,16,17—O形密封圈
14—圆螺母   15—回程弹簧   18—压力弹簧   19,20—铜垫片   21—螺钉

图4-23   YL600型千斤顶构造

如图 4-23(a)所示,拉杆式千斤顶的工作原理是 A 油嘴进油,B 油嘴回油,差动阀的小活塞杆弹簧回程,锥阀关闭,A,B 油腔断绝,活塞拉杆左移张拉钢筋,待钢筋张拉设计张拉力后,拧紧螺丝端杆上的螺母,然后可采用单路进油回程(A 油嘴关闭,B 油嘴进油)或双路进油回程(A 油嘴卸荷后与 B 油嘴同时进油)或带压双路进油回程(A 油嘴不卸荷与 B 油嘴同时进油)等控制方法,使活塞拉杆右移回复到张拉前的位置。

YL600 型千斤顶的技术性能见表 4-3。此外,同类机械还有专门生产的 YL4000 和 YL5000 型千斤顶,其张拉力分别为 4000 kN 和 5000 kN,主要用于张拉大吨位镦头锚具等。

表 4-3　YL600 型千斤顶技术性能表

项目	参数	项目	参数
额定油压/MPa	40	差动回程液压面积/cm²	38
张拉缸液压面积/cm²	162.6	回程油压/MPa	<10
理论张拉力/kN	650	外形尺寸/mm	$\phi 193 \times 677$
公称张拉力/kN	600	净重/kg	65
张拉行程/mm	150	配套油泵	ZB4-500 型电动油泵

（5）穿心式千斤顶

穿心式千斤顶机械代号为 YC。穿心式千斤顶是一种具有穿心孔,利用双液缸张拉预应力筋和顶压锚具的双作用千斤顶。这种千斤顶适用性强,既适用于张拉需要顶压的锚具;如配上撑脚与拉杆等附件后,还可用于张拉螺锚具和镦头锚具。穿心式千斤顶根据使用功能不同已形成 YC 型、YCD 型和 YCQ 型等系列产品。表 4-4 为常用 YC 型千斤顶技术性能。其中 YC60 型和 YC20D 型千斤顶是目前我国预应力混凝土施工中应用最为广泛的两种张拉机械。

表 4-4　YC 型穿心式千斤顶技术性能表

项　目	YC18 型	YC20D 型	YC60 型	YC120 型
额定油压/MPa	50	40	40	50
张拉缸液压面积/cm²	40.6	51	162.6	250
公称张拉力/kN	180	200	600	1200
张拉行程/mm	250	200	150	300
顶压缸活塞面积/cm²	13.5		84.2	113
顶压行程/mm	15		50	40
张拉缸回程液压面积/cm²	22	—	12.4	160
顶压方式	弹簧		弹簧	液压
穿心孔径/mm	27	31	55	70

以 YC60 型千斤顶为例说明其工作原理。如图 4-24 所示,工作时,A 油嘴进油,B 油嘴回油,张拉油缸带动工具锚左移张拉预应力筋。顶压锚固时,在保持张拉力稳定的条件下,B 油嘴进油,顶压活塞随即将夹片强力顶入锚环内锚固预应力筋。回程工作时,张拉缸采用液压回程,此时,A 油嘴回油,B 油嘴进油。顶压活塞回程采用弹簧回程,此时,A,B 油

嘴同时回油,顶压活塞在弹簧力作用下回程复位。

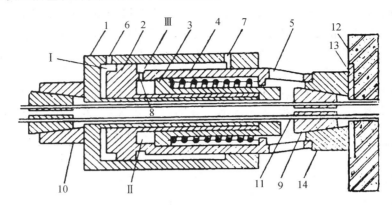

1—张拉油缸 2—顶压油缸 3—顶压活塞 4—弹簧 5—撑套 6—张拉缸油嘴 A
7—顶压缸油嘴 B 8—油孔 9—夹片 10—工具锚 11—预应力钢筋 12—构件
13—垫板 14—锚环 Ⅰ—张拉工作油室 Ⅱ—顶压工作油室 Ⅲ—张拉回程油室

图 4 - 24   YL60 型千斤顶工作原理

YC60 型千斤顶主要适用于张拉带有 JM 型锚具的钢筋束和钢绞线束,配上撑力架与拉杆后,也可张拉带有螺纹端杆锚具的粗预应力钢筋或带有镦头锚具的钢丝束。此外,在千斤顶的前后端分别装上分束顶压器和工具锚后,还可张拉带钢质锥形锚具的预应力钢丝束。

(6)锥锚式千斤顶

锥锚式千斤顶机械代号为 YZ。是一种具有张拉、顶锚和退楔功能的三作用千斤顶,主要适用于张拉带有钢质锥形锚具的 Φ12,Φ18 和 24Φp5 钢筋束和钢丝束。常用型号有 YZ380 型、YZ600 型和 YZ850 型。

如图 4 - 25 所示为锥锚千斤顶构造,主缸及主缸活塞用于张拉预应力筋,主缸前端缸体上有卡环和销片,用以锚固预应力筋。主缸活塞为一中空筒状活塞,中空部分设有拉力弹簧。副缸和副缸活塞用于顶压锚塞,将预应力筋锚固在构件的端部,并有副缸压力弹簧复位。

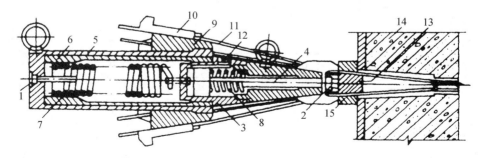

1—预应力筋 2—顶压头 3—副缸 4—副缸活塞 5—主缸 6—主缸活塞
7—主缸拉力弹簧 8—副缸压力弹簧 9—锥形卡环 10—楔块
11—主缸油嘴 12—副缸油嘴 13—锚塞 14—构件 15—锚环

图 4 - 25   锥锚式千斤顶构造及工作示意图

锥锚式千斤顶工作过程分为张拉、顶压和回程三个阶段。张拉:首先将预应力筋固定在锥形卡环上,然后主缸油嘴进油,则主缸向左移动张拉预应力筋;顶压:张拉完成后主缸稳压,副缸进油,则副缸活塞及顶压头向右移动,将锚塞推入锚环而锚固预应力筋;回程:待顶锚完成后,主、副缸同时回油,主缸及副缸活塞在弹簧力的作用下复位。最后放松工具锚的楔块即可拆下千斤顶。

4. 钢筋镦头设备

钢筋镦头是指将钢筋端部制成灯笼形圆头,供预应力筋锚固之用。镦头设备分为冷镦机械和热镦设备两类。

（1）冷镦机械

冷拔低碳钢丝镦头机

如图 4-26 所示,该机的工作原理是由 4 kW 电动机通过皮带轮减速,使主轮带动加压凸轮,当凸缘部分与滚轮机接触,加压杠杆左端抬起,右端向下压住钢丝;与此同时,顶锻凸轮的凸缘与滑块左端的滚轮接触,使滑块沿水平方向向右推动镦模,镦模挤压已被压模卡住的钢丝,使钢丝端部冷镦成镦头帽。当压模、镦模由于凸轮作用一次后,复位弹簧使压模、镦模回到原处,如此往复。

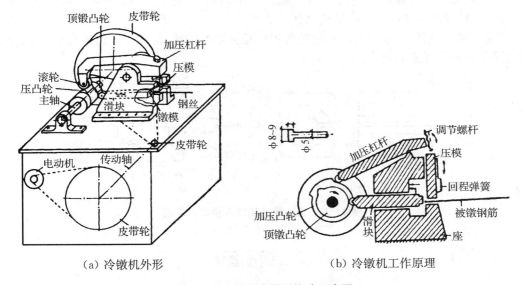

（a）冷镦机外形　　　　　　　　　　（b）冷镦机工作原理

图 4-26　钢丝冷镦机构造示意图

钢丝冷镦机效率很高,并且动力消耗小,镦头质量容易保证,是一种较理想的镦头机械。

短线钢模用的预应力钢丝两端均需要镦头,因此,配合钢丝冷镦机工作一般还采用转动式工作台,当钢丝一端镦头结束后,可转动工作台进行另一端镦头。

碳素钢丝镦头机

碳素钢丝镦头主要采用液压冷镦机。图 4-27 所示为可镦直径 5 mm 的碳素钢丝冷镦机（BT-A）,它是由缸体、夹紧活塞、镦头活塞和夹片等组成,由于采用了蝶形弹簧、液压回程等技术,机构体积缩小,全重仅 8 kg。操作灵便,每分钟可镦头 4~5 个。适用于施工现场操作,使用时需配备 40 MPa 的高压液压泵。

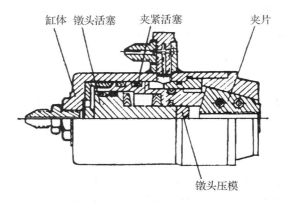

缸体　镦头活塞　夹紧活塞　　　夹片

镦头压模

图 4 - 27　BT - A 型冷镦机构造简图

（2）热镦设备

通常为改装的钢筋对焊机。如图 4 - 28 所示，在对焊机上加装两个专用模具，即在顶粗端装一个端面平整的紫铜棒，起电极和顶粗的作用；另一端则是夹钢筋用带喇叭口的纯铜模具，目的也是起电极和形成镦头的模具作用。

热镦设备的原理是通过对焊机电极将钢筋端部通电加热，待软化后顶压至模具中，使钢筋端部形成一个灯笼形圆头。

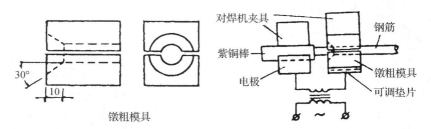

30°

10

镦粗模具

对焊机夹具　　　钢筋

紫铜棒

电极　　　　镦粗模具

可调垫片

图 4 - 28　电热镦头原理及模具示意图

4.3　钢筋配料

4.3.1　钢筋放大样图

1. 比例

图样的比例，是指图形与实物对应的线性尺寸之比。例如，1 ∶ 100 表示图纸上的 1 cm 代表实际长度 100 cm。比例的大小，是指比值的大小，例如 1 ∶ 100＞1 ∶ 200。比例的符号为"∶"，用阿拉伯数字表示，例如 1 ∶ 1，1 ∶ 2，1 ∶ 100 等。放样操作中常用的比例有 1 ∶ 1，1 ∶ 5，1 ∶ 10。比例越大，图样越详细、越清楚。

2. 钢筋放大样图

在钢筋工程中，经常会遇到钢筋长度计算的问题。对外形比较复杂的构件，在计算长度时，用简单的数学方法计算有一定的困难。在这种情况下可用放大样（按 1 ∶ 1 比例放样）或放小样（按 1 ∶ 5，1 ∶ 10 比例放样）的方法，求出构件中的配筋尺寸。

3. 绘制钢筋放大样图的基本要求

（1）符合建筑制图标准

大样图本身就是建筑结构施工图的具体实施图。大样图表示的图线、符号以及它们的表示方法都应符合《建筑制图标准》（GB/T 50104—2010）和《建筑结构制图标准》（GB/T 50105—2010）中规定的各项制图标准、条款，大样图的绘制要做到规范、清楚、完整。

（2）准确反映原设计的设计意图

收到设计图纸后，应首先熟悉图纸，全面正确理解设计意图。只有做到理解正确，才能有条件在大样图中准确无误地反映原设计意图。

（3）钢筋放样应按一定的顺序，避免漏配、错配

钢筋加工前，应按不同的构件进行放样，然后备料加工。为使放样工作方便、顺利，且不漏配、错配钢筋，放样应按一定的顺序进行。

就一栋建筑物整体而言，可分为基础、柱、板、次梁、主梁等构件。在把握住构件无漏项的条件下，再将构件的各种配筋计数完全，这样就容易做到无钢筋漏配。

4.3.2　钢筋配料单

1. 钢筋配料单的概念

钢筋配料单是根据施工图纸中钢筋的品种、规格及外形尺寸、数量进行编号，并计算下料长度，用表格的形式表达的单据。

钢筋配料单是钢筋配料、加工的技术文件，是确定钢筋下料加工的依据，是提出材料计划、签发任务单和限额领料单的依据。钢筋配料单不仅指导钢筋配料加工，决定加工后的钢筋在数量上、质量上满足钢筋安装、绑扎的技术要求，而且在施工现场它又与钢筋大样图（或施工图）一起指导钢筋工程的绑扎安装，同时配料单又是工料计算的依据。合理的配料单，能节约材料，简化施工操作。可见一份好的钢筋配料单对整个工程是非常重要。

2. 编制钢筋配料单的准备

（1）研读施工图

研读施工图应做到熟悉了解、审查核对、妥善处理。

熟悉了解施工图，了解所属工程概况，熟悉本工程中钢筋混凝土构件的品名、数量、配筋特点、标高、位置、相近构件的差异、构件的工艺要求，了解本工种与有关的模板、脚手架、结构吊装、安装、管道等工种的联系。

审查核对施工图中钢筋的表示是否清楚，核对钢筋表与构件中配筋的数量、规格、式样是否一致。核对构件的数量，审核结构图、建筑图中钢筋混凝土构件是否一致。核实构件的标高位置，构件之间是否相互影响等。

妥善处理图样上存在的问题，性质不同，处理的方法也不同。图样中属于设计者的笔误，如构件的数量不符等，在结构布置平面图中很容易被核实清楚。不同施工图中钢筋数量、编号不一致，可通过进一步核对明确。配料单的编制者应根据结构施工规范作进一步明确，有不明之处可请示技术人员解答。其他图样上的问题，编制者通常不应自作主张作出决定，必须在图纸会审会上提出，由设计者作进一步明确，或请示工程技术负责人作技术澄清，并附书面文字依据。

由于施工条件限制不能完全按图施工，但可采用其他变通方法的，如钢筋品种、规格不

能满足原设计要求,可进行钢筋代换,并以联系单的形式,书面报告给有关人员。

(2)了解材料准备情况

要了解钢筋库存情况和钢筋材料进货情况,了解库存钢筋的数量、规格、等级是否能满足施工进度要求,有否因钢材供应而影响钢筋加工,事先做到心中有数。了解是否需要钢筋代换,若有应尽早做好技术准备。

(3)调查施工条件、施工进度

钢筋配料不仅应符合施工规范、施工图上的要求,而且应切实地符合施工条件、施工现场的状况,这样才能保证顺利地组织配料钢筋绑扎、现场安装的工作。要熟知钢筋加工条件、焊接设备、粗钢筋弯曲设备、预应力张拉设备等直接影响钢筋加工、绑扎安装的工艺,根据工艺要求不同来编制相应钢筋配料单。场地大小、安装施工条件、水平运输条件、垂直运输条件直接影响配件钢筋的长度,也应在钢筋配料单中反映出来。配料单与施工进度有着密切的关系,配料单下达的配料任务要正好满足施工进度的要求。所谓正好就是能满足施工进度又不能提前很多,以免弯曲成形后的钢筋堆放在施工现场长期不用,发生变形或发生锈蚀而影响质量。

3. 钢筋配料单的编制

(1)配料单编制步骤

熟悉图纸,识读构件配筋图,弄清每一编号钢筋的品种、规格、形状和数量,以及在构件中的位置和相互关系。

熟悉有关国家规范对钢筋混凝土构件的一般规定(如混凝土保护层、钢筋的接头及钢筋弯钩等)。

绘制钢筋简图。

计算每种编号钢筋的下料长度。

计算每种编号钢筋的需要数量。

填写钢筋配料单。

填写钢筋料牌。

(2)钢筋配料单的形式

钢筋配料单一般由构件名称、钢筋编号、钢筋简图、尺寸、钢号、数量、下料长度及重量等内容组成,见表4-5。

表4-5　钢筋配料单

构件名称	钢筋编号	简图	直径/mm	钢筋种类	下料长度/m	根数	合计根数	重量/kg
某教学楼梁L₁(共5根)	1	5950	18	Φ	6.18	2	10	123
	2	5950	10	Φ	6.075	2	10	37.5
	3	375 564 4400	18	Φ	6.47	1	5	64.7
	4	875 564 3400	18	Φ	6.47	1	5	64.7
	5	412 162	6	Φ	1.2	31	155	41.3
备注	合计:Φ6=41.3 kg,Φ10=37.5 kg,Φ18=252.4 kg							

按钢筋的编号、形状和规格计算下料长度并计算出每一编号钢材的总长度,然后再汇总各种规格的总长度,算出其重量。当需要成型钢筋很长,尚需配有接头时,应根据原材料供应情况和接头形式要求,来考虑钢筋接头的布置,下料计算时要加上接头的长度。

4.3.3 钢筋下料长度计算

1. 混凝土结构设计规范的有关规定

(1)混凝土结构的环境类别

在钢筋的配料计算中,不仅需要了解构件的混凝土保护层厚度,还需要了解结构物所处环境的类别。

《混凝土结构设计规范(2015 版)》(GB 50010—2010)中规定,结构物所处环境分为五个类别,见表 4 - 6。

(2)混凝土的保护层

钢筋保护层是指在钢筋混凝土构件中,钢筋外边缘到构件边端之间的距离。它的作用是构件在设计基准期内,保护钢筋不受外部自然环境的影响而受侵蚀,保护钢筋与混凝土良好的工作性能。它的厚度是根据构件的构造、用途及周围环境等因素确定的。施工中没有注明时应按《混凝土结构设计规范(2015 版)》(GB 50010—2010)中规定的混凝土最小厚度执行。

表 4 - 6 混凝土结构的环境类别

环境类别	条件
一	室内干燥环境;无侵蚀性静水浸没环境
二 a	室内潮湿环境;非严寒和非寒冷地区的露天环境; 非严寒和非寒冷地区与无侵蚀性的水或土壤直接接触的环境; 严寒和寒冷地区的冰冻线以下与无侵蚀性的水或土壤直接接触的环境
二 b	干湿交替环境;水位频繁变动环境;严寒和寒冷地区的露天环境; 严寒和寒冷地区的冰冻线以上与无侵蚀性的水或土壤直接接触的环境
三 a	严寒和寒冷地区冬季水位变动区环境;受除冰盐影响环境;海风环境
三 b	盐渍土环境;受除冰盐作用环境;海岸环境
四	海水环境
五	受人为或自然的侵蚀性物质影响的环境

混凝土保护层的最小厚度取决于构件的耐久性和受力钢筋黏结锚固性能的要求。

钢筋黏结锚固长度对混凝土保护层提出的要求是为了保证钢筋与其周围混凝土能共同工作,并使钢筋充分发挥计算所需的强度。

耐久性要求的混凝土保护层最小厚度,是按照构件在 50 年内能保护钢筋不发生危及结构安全的锈蚀确定的。

保护层厚度并不是越大越好,保护层过大会减少构件有效高度,从而降低构件的承载能力,导致质量事故。

钢筋混凝土梁、柱的保护层往往以控制纵向受力的保护层为主,箍筋保护层厚度应为钢筋保护层厚度减少一个箍筋的直径。

纵向受力钢筋的混凝土保护层最小厚度(钢筋外边缘至混凝土表面的距离)不得少于钢筋的公称直径,且应符合表4-7的规定。

板、墙、壳中分布钢筋的保护层不应小于表4-7中相应数值减10 mm,且≥10 mm,梁、柱中箍筋和构造钢筋的保护层不应<15 mm。

表4-7　纵向受力钢筋的混凝土最小保护层厚度

环境类别	板、墙、壳		梁、柱、杆	
	≤C25	C25~C80	≤C25	C25~C80
一	20	15	25	20
二 a	25	20	30	25
二 b	30	25	40	35
三 a	35	30	45	40
三 b	45	40	55	50

注:基础中纵向受力钢筋的混凝土保护层厚度不应小于40 mm,当无垫层时不应小于70 mm。

处于一类环境且由工厂生产的预制构件,当混凝土强度等级不低于C20时,其保护层厚度可按表4-7中的数值减少5 mm;处于二类环境且由工厂生产预制构件,当表面采取有效保护措施时,保护层厚度可按表4-7中一类环境数值取用。预制钢筋混凝土受弯构件钢筋端头的保护层厚度不应小于10 mm;预制肋形板主肋钢筋的保护厚度应按梁的数值取用。

当梁、柱中纵向受力钢筋的混凝土保护层厚度大于40 mm时,应对保护层采取有效的防裂构造措施。处于二、三类环境中的悬臂板,其上面应采取有效的保护措施。

一类环境中,设计使用年限为100年的结构混凝土保护层厚度应按表4-7的数值增加40%;当采取有效的表面防护措施时,混凝土保护层可适当减少。

三类环境中的结构构件,其受力钢筋宜采用环氧树脂涂层带肋钢筋。

对有防火要求的建筑物,其混凝土保护层厚度尚应符合国家现行有关标准的要求。

处于四、五类环境中的建筑物,其混凝土保护层厚度尚应符合国家现行有关标准的要求。

(3)钢筋锚固长度

钢筋混凝土结构中,两种性能不同的材料能够共同受力是由于它们之间存在着黏结锚固作用,这种作用使接触界面两边的钢筋与混凝土之间能够实现应力传递,从而在钢筋与混凝中建立起结构承载所必需的工作应力。

钢筋在混凝土中的黏结锚固作用有胶结力(即接触面上的化学吸附作用,但其影响不大)、摩阻力(它与接触面的粗糙程度及侧压力有关,随滑移的发展其作用逐渐减小)、咬合力(这是带肋钢筋对肋前混凝土挤压产生的,为带肋钢筋锚固力的主要来源)、机械锚固力〔这是指弯钩、弯折及附加锚固等措施(如焊锚板、贴焊钢筋等)提供的锚固作用〕。

钢筋基本锚固长度,取决于钢筋强度及混凝土抗拉强度,并与钢筋外形有关。《混凝土结构设计规范(2015版)》(GB 50010—2010)给出了受拉钢筋的锚固长度l_a的计算公式:

$$l_a = \sigma \frac{f_y}{f_t} d \qquad (4-1)$$

式中：f_y——普通钢筋的抗拉强度设计值（MPa）；

f_t——混凝土轴心抗拉强度设计值（MPa），C40 以上按 C40 取；

α——钢筋外形系数，光面钢筋为 0.16，带肋钢筋 0.14，螺旋肋钢丝 0.13，三股钢绞线 0.16，七股钢绞线 0.17；

d——钢筋的公称直径。

上式应用时，应将计算所得的基本锚固长度乘以对应于不同锚固条件的修正系数。

当计算中充分利用钢筋的抗拉强度时，受拉区的锚固长度按公式（4-1）计算，但不应小于表 4-8 规定的数值。

表 4-8　纵向受拉钢筋的最小锚固长度

钢筋类别	混凝土强度等级			
	C15	C20～C25	C30～C35	≥C40
HPB300 级	$40d$	$30d$	$25d$	$20d$
HRB335 级	$50d$	$40d$	$30d$	$25d$
HRB400 与 RRB400 级	—	$45d$	$35d$	$30d$

注：1. 圆钢筋末端应做 180°弯钩，弯后平直段长度不应小于 $3d$；

　　2. 在任何情况下，纵向受拉钢筋的锚固长度不应小于 $25d$；

　　3. d 为钢筋公称直径。

当符合下列条件时，表 4-8 的锚固长度应进行修正。

① 当 HRB335，HRB400 和 RRB400 级钢筋的直径大于 25 mm 时，其锚固长度应乘以修正系数 1.1；

② HRB335，HRB400 和 RRB400 级环氧树脂涂层钢筋的锚固长度，应乘以修正系数 1.25；

③ 当钢筋在混凝土施工过程中易受扰动（如滑模施工）时，其锚固长度应乘以修正系数 1.1；

④ 当 HRB335，HRB400 和 RRB400 级钢筋在锚固区的混凝土保护层厚度大于钢筋直径的 3 倍且配有箍筋时，其锚固长度可乘以修正系数 0.8；

⑤ 当计算充分利用纵向钢筋的抗压强度时，其锚固长度不应小于所列的受拉钢筋锚固长度的 0.7 倍；

⑥ 当 HRB335，HRB400 和 RRB400 级纵向受拉钢筋末端采用机械锚固措施时，包括附加锚固端头在内的锚固长度可取表 4-8 所列锚固长度的 0.7 倍。

采用机械锚固措施时，锚固长度范围内的箍筋不应少于 3 个，其直径不应小于纵向钢筋直径的 0.25 倍，其间距不应大于纵向钢筋直径的 5 倍。当纵向钢筋的混凝土保护层厚度不小于钢筋公称直径的 5 倍时，可不配置上述钢筋。

对承受重复荷载的预制构件，应将纵向受拉钢筋的末端焊接在钢板或角钢上。钢板或角钢应可靠地锚固在混凝土中，其尺寸应经计算确定，厚度不宜小于 10 mm。

（4）钢筋的连接

当钢筋原材料不够长，或为制作、运输、安装方便而将原长的钢筋分为若干段时，就有了钢筋连接的问题。钢筋连接方式可分为绑扎搭接、焊接、机械连接等。

1）钢筋连接的原则

由于钢筋通过连接接头传力的性能总不如整根钢筋，因此设置钢筋连接的原则为钢筋接头宜设置在受力较小处，同一根钢筋上宜少设接头；同一构件中的纵向受力钢筋接头宜相互错开，并符合下列规定：

直径大于 12 mm 的钢筋，应优先采用焊接接头或机械连接接头。

当受拉钢筋的直径大于 28 mm 及受压钢筋的直径大于 32 mm 时，不宜采用绑扎搭接接头。

轴心受拉及小偏心受拉杆件（如桁架和拱的拉杆）的纵向受力钢筋不得采用绑扎搭接接头。

直接承受动力荷载的结构构件中，其纵向受拉钢筋不得采用绑扎搭接接头。

2）接头面积允许百分率

同一连接区段内，纵向钢筋搭接接头面积百分率为该区段内有搭接接头的纵向受力钢筋截面面积与全部纵向受力钢筋截面面积的比值。

钢筋绑扎搭接接头连接区段的长度为 $1.3l_l$（l_l 为搭接长度），凡搭接接头中点位于该连接区段长度内的搭接接头均属于同一连接区段。同一连接区段内，纵向受拉钢筋搭接接头面积百分率应符合设计要求；当设计无具体要求时，应符合下列规定：

① 对梁、板类及墙类构件，不宜大于 25%。

② 对柱类构件，不宜大于 50%。

③ 当工程中确有必要增大接头面积百分率时，对梁类构件不应大于 50%；对其他构件，可根据实际情况放宽。

④ 纵向受拉钢筋搭接接头面积百分率，不宜大于 50%。

钢筋机械连接与焊接接头连接区段的长度为 $35d$（d 为纵向受力钢筋的较大直径），且不小于 500 mm。同一连接区段内，纵向受力钢筋的接头面积百分率应符合设计要求；当设计无具体要求时，应符合下列规定：

① 受拉区不宜大于 50%，受压区不受限制。

② 接头不宜设置在有抗震设防要求的框架梁端、柱端的箍筋加密区，当无法避开时，对等强度高质量机械连接接头，不应大于 50%。

③ 直接承受动力荷载的结构构件中，不宜采用焊接接头；当采用机械连接接头时，不应大于 50%。

3）绑扎接头搭接长度

纵向受拉钢筋绑扎搭接接头的搭接长度应根据位于同一连接区段内的钢筋搭接接头面积百分率按下列公式计算：

$$l_l = \zeta l_a \tag{4-2}$$

式中：l_a——纵向受拉钢筋的锚固长度，按表 4-8 确定；

ζ——纵向受拉钢筋搭接长度修正系数，按表 4-9 取用。

表 4 - 9　纵向受拉钢筋搭接长度修正系数

纵向钢筋搭接接头面积百分率/%	≤25	50	100
ζ	1.2	1.4	1.6

构件中的纵向受压钢筋,当采用搭接连接时,其受压搭接长度不应小于纵向受拉钢筋搭接长度的 0.7 倍,且在任何情况下不应小于 200 mm。

在梁、柱类构件的纵向受力钢筋搭接长度范围内,应按设计要求配置箍筋;当设计无具体要求时,应符合下列规定:

① 箍筋直径不应小于搭接钢筋较大直径的 0.25 倍;

② 受拉搭接区段的箍筋间距不应大于搭接钢筋较小直径的 5 倍,不应大于 100 mm;

③ 受压搭接区段的箍筋间距不应大于搭接钢筋较小直径的 10 倍,且不应大于 200 mm;

④ 当柱中纵向受力钢筋直径大于 25 mm 时,应在搭接接头两端外 100 mm 范围内各设置两个箍筋,其间距宜为 50 mm。

2. 非预应力钢筋下料长度的计算

构件中的钢筋,会因弯曲发生长度变化,所以配料时不能根据配筋图尺寸直接下料。必须根据各种构件的混凝土保护层、钢筋弯曲、搭接、弯钩等规定,结合掌握的一些计算方法,再根据图中尺寸计算出下料长度。

(1) 常用钢筋下料长度计算公式如下:

直钢筋下料长度＝构件长度－保护层厚度＋弯钩增加长度。

弯起钢筋下料长度＝直段长度＋斜段长度＋弯钩增加长度－弯曲调整值。

箍筋下料长度＝直段长度＋弯钩增加长度－弯曲调整值。

其他类型钢筋下料长度:曲线钢筋(环形钢筋、螺旋箍筋、抛物线钢筋等)下料长度的计算公式为下料长度＝钢筋长度计算值＋弯钩增加长度。

上述钢筋需要搭接的话,还应加上钢筋搭接长度。

(2) 弯钩增加长度计算

钢筋的弯钩通常有三种形式,即半圆弯钩、直弯钩和斜弯钩。半圆弯钩是常用的一种弯钩。斜弯钩仅用在 $\phi 12$ mm 以下的受拉主筋和箍筋中。

钢筋弯钩增加长度,按图 4 - 29 所示的计算简图(弯心直径为 2.5d,平直部分长度为 3d),其计算值为半圆弯钩为 6.25d,直弯钩为 3.5d,斜弯钩为 4.9d。

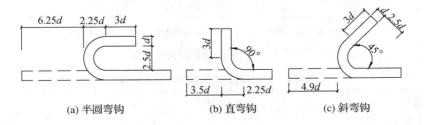

(a) 半圆弯钩　　　(b) 直弯钩　　　(c) 斜弯钩

图 4 - 29　钢筋弯钩计算简图

计算公式:

半圆弯钩增加长度:$3d+3.5 d\pi/2-2.25 d=6.25 d$

直钩弯钩增加长度:$3d+3.5 d\pi/4-2.25 d=3.5 d$

斜弯弯钩增加长度:$3d+1.5\times3.5 d\pi/4-2.25 d=4.9 d$

在生产实践中,实际弯心直径与理论弯心直径有时不一致,钢筋粗细和机具条件不同等会影响平直部分的长短(手工弯钩时平直部分可适当加长,机械弯钩时可适当缩短),因此在实际配料计算时,对弯钩增加长度常根据具体条件,采用经验数据,见表 4-10。

表 4-10 半圆弯钩增加长度参考表(用机械弯)

钢筋直径/mm	≤6	8～10	12～18	20～28	32～36
一个弯钩/mm	40	$6d$	$5.5d$	$5d$	$4.5d$

(3)弯曲调整值

弯曲钢筋时,里侧缩短,外侧伸长,轴线长度不变,因弯曲处形成圆弧,而量尺寸又是沿直线量外包尺寸,如图 4-30 所示。因此弯曲钢筋的量度尺寸大于下料尺寸,两者之间的差值,叫弯曲调整值。各种弯曲调整值参见表 4-11。

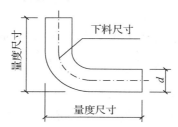

图 4-30 钢筋弯曲时的量度方法

表 4-11 钢筋弯曲调整值

钢筋弯曲角度	30°	45°	60°	90°	135°
钢筋弯曲调整值	$0.35d$	$0.5d$	$0.85d$	$2d$	$2.5d$

(4)弯起钢筋斜长

斜长计算如图 4-31 所示。斜长系数见表 4-12。

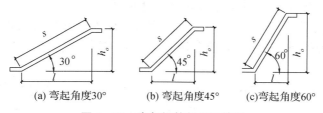

(a)弯起角度30°　(b)弯起角度45°　(c)弯起角度60°

图 4-31 弯起钢筋斜长计算表

表 4-12 弯起钢筋斜长计算系数表

弯起角度 a	30°	45°	60°
斜边长度 s	$2h_0$	$1.414h_0$	$1.155h_0$
底边长度 l	$1.732h_0$	h_0	$0.575h_0$
增加长度 s-l	$0.268h_0$	$0.41h_0$	$0.585h_0$

注:h_0 为弯起高度。

（5）箍筋调整值

箍筋调整值是弯钩增加长度和弯曲调整值之和或差,根据箍筋量外包尺寸或内皮尺寸而定。如图 4-32 所示,调整值见表 4-13。

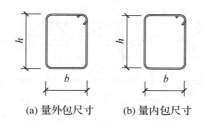

(a) 量外包尺寸　(b) 量内包尺寸

图 4-32　箍筋量度方法

表 4-13　箍筋调整值

箍筋量度方法	箍筋直径/mm			
	4～5	6	8	10～12
量外包尺寸	40	50	60	70
量内包尺寸	80	100	120	150～170

（6）变截面构件钢筋下料长度

如图 4-33 所示,每根钢筋的长短差为 Δ,计算公式为

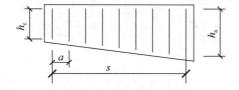

图 4-33　变截面构件箍筋

$$\Delta = (h_a - h_c)/(n-1) \tag{4-3}$$

或

$$\Delta = (h_a - h_c)/(l \div a + 1) \tag{4-4}$$

式中：h_a——箍筋最大高度；

　　　h_c——箍筋最小高度；

　　　l——构件全长；

　　　n——箍筋个数,$n = s/a + 1$。

其中：s——最高箍筋与最低箍筋之间的总距离；

　　　a——箍筋间距。

3. 预应力钢筋下料长度的计算

预应力钢筋下料长度应通过计算确定。计算时,应考虑下列因素:构件孔道长度或台座长度、千斤顶工作长度（算至夹挂预应钢筋部位）、镦头预留量、预应筋外露长度等。

（1）钢丝束下料长度

① 采用钢质锥形锚具

以锥锚式千斤顶在构件张拉时，钢丝的下料长度 L 按图 4-34 所示计算。

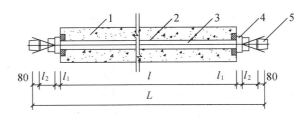

1—混凝土构件 2—孔道 3—钢丝束 4—钢质锥形锚具 5—锥锚式千斤顶

图 4-34 采用钢质锥形锚具时钢丝下料长度计算图

两端张拉 $$L = l + (l_1 + l_2 + 80) \tag{4-5}$$

一端张拉 $$L = l + 2(l_1 + 80) + l_2 \tag{4-6}$$

② 采用镦头锚具

以拉杆式穿心千斤顶在构件上张拉时，钢丝的下料长度 L 计算，应注意钢丝束张拉锚固后螺母位于锚杯中部，如图 4-35 所示。

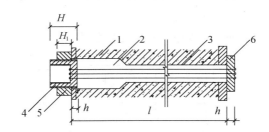

1—混凝土构件 2—孔道 3—钢丝束 4—锚杯 5—螺母 6—锚板

图 4-35 采用镦头锚具时钢丝下料长度计算图

$$L = l + 2(h + \delta) - K(H - H_l) - \Delta L - C \tag{4-7}$$

式中：l——构件的孔道长度，按实际丈量；

h——锚杯底部厚度或锚板厚度；

K——系数，一端张拉取 0.5，两端张拉取 1.0；

H——锚杯高度；

H_l——螺母高度；

ΔL——钢丝束拉张伸长值；

C——张拉时构件混凝土的弹性压缩值。

（2）钢绞线下料长度

采用夹片锚具，以穿心千斤顶在构件上张拉时，钢绞线束的下料长度 L，按图 4-36 所示计算。

一端张拉 $$L = l + 2(l_1 + l_2 + l_3 + 100) \tag{4-8}$$

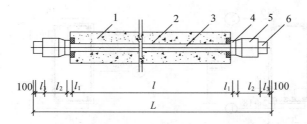

1—混凝土构件　2—孔道　3—钢绞线　4—夹片式工作锚
5—穿心式千斤顶　6—夹片式工具锚

图 4－36　钢绞线下料长度计算简图

两端张拉 $$L=l+2(l_1+100)+l_2+l_3 \qquad (4-9)$$

式中：l——构件孔道长度；

l_1——夹片式工作锚厚度；

l_2——穿心式千斤顶长度；

l_3——夹片式工具锚厚度。

（3）长线台座预应力筋下料长度

先张法长线台座上的预应力筋，可采用钢丝和钢绞线，根据张拉装置不同，可采用单根张拉方式与整体张拉方式。预应力筋下料长度 L，按图 4－37 所示计算。

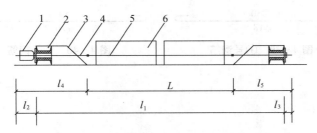

1—张拉装置　2—钢横梁　3—台座　4—工具式拉杆
5—预应力筋　6—待浇混凝土构件

图 4－37　长线台座预应力筋下料长度计算简图

$$L=l_1+l_2+l_3-l_4-l_5 \qquad (4-10)$$

式中：l_1——长线台座长度；

l_2——张拉装置长度（含外露预应力筋长度）；

l_3——固定装置长度；

l_4——张拉端工具式拉杆长度；

l_5——固定端工具式拉杆长度。

4.3.4　钢筋配料技能训练

训练 1

试编写某教学楼简支梁（如图 4－38 所示）的钢筋配料单。

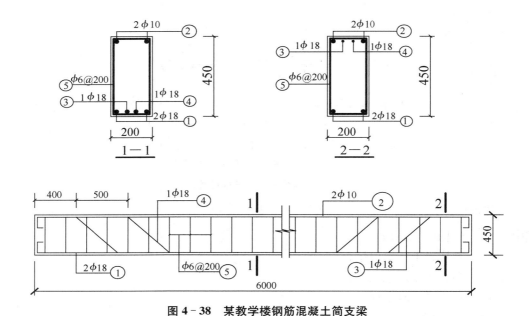

图4-38 某教学楼钢筋混凝土简支梁

（1）熟悉图纸（配筋图）。

（2）绘制配筋图，如图4-39至4-43所示。

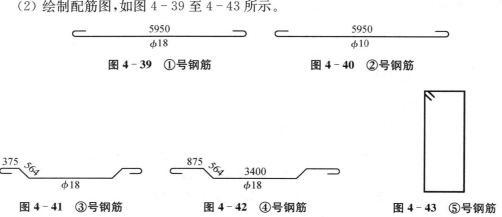

图4-39 ①号钢筋　　　　　图4-40 ②号钢筋

图4-41 ③号钢筋　　　图4-42 ④号钢筋　　　图4-43 ⑤号钢筋

（3）计算钢筋下料长度

① 号钢筋

外包尺寸：$6000-25 \times 2$（mm）$=5950$ mm

钢筋下料长度＝构件长－两端保护层＋两端弯钩长度（$6.25d$）

$$=6000-25 \times 2+6.25 \times 18 \times 2(\text{mm})=6175 \text{ mm}$$

或钢筋下料长度＝外包尺寸＋两端弯钩长度

$$=5950+6.25 \times 18 \times 2(\text{mm})=6175 \text{ mm}$$

② 号钢筋

下料长度$=6000-25 \times 2+6.25 \times 10 \times 2(\text{mm})=6075$ mm

③ 号钢筋

其端部纵向平直段长＝400－25(mm)＝6075 mm

斜长＝(梁高－2 倍保护层)×1.41(弯 45°斜长增加系数)

$$＝(450－25×2)×1.41(mm)＝564\ mm$$

直线长＝6000－25×2－375×2－400×2(mm)＝4400 mm

下料长度＝外包尺寸＋两端弯钩长度－弯曲调整值

$$＝[(375＋564)×2＋4400]mm＋(6.25×2×18)mm－(4×0.5×18)mm$$

$$＝6278＋225－36(mm)＝6467\ mm$$

④ 号钢筋

其端部纵向平直段长＝900－25(mm)＝875 mm

斜长＝(梁高－2 倍保护层)×1.41(mm)(弯 45°斜长增加系数)

$$＝(450－25×2)×1.41(mm)＝564\ mm$$

直线长＝6000－25×2－875×2－400×2(mm)＝3400 mm

下料长度＝外包尺寸＋两端弯钩长度－弯曲调整值

$$＝[(875＋564)×2＋3400]mm＋(6.25×2×18)mm－(4×0.5×18)mm$$

$$＝6278＋225－36(mm)＝6467\ mm$$

⑤号钢筋

箍筋下料长度＝箍筋内周长＋箍筋调整值

$$＝(400＋150)×2＋100(mm)＝1200\ mm$$

(4) 填写配料单。

(5) 制作钢筋料牌。

　　训练 2

已知某教学楼钢筋混凝土框架梁 KL1 的截面尺寸与配筋如图 4－44 所示，共计 5 根。混凝土等级为 C25。次梁的截面宽度为 250 mm。求各种钢筋下料长度。

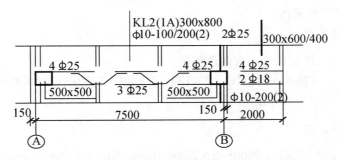

图 4－44　某钢筋混凝土框架梁 KL1 平法施工图

(1) 熟悉图纸(配筋图)

应结合《混凝土结构施工图平面整体表示方法制图规则和构造详图》16G101—1 阅读

此图。

框架 KL1 梁为外伸梁,AB 跨长 7500 mm,截面尺寸为 300 mm×800 mm,下部配有 3Φ25通长钢筋,上部配有 2Φ25 通长钢筋,在 A,B 支座处配有 4Φ25 的钢筋,箍筋为 HPB300 级钢筋,直径 10 mm,加密区间距为 100 mm,非加密区间距为 200 mm,均为双肢箍。外伸部分长为 2000 mm,变截面梁截面尺寸为 300 mm×600/400 mm,上部配有 4Φ25 的钢筋,下部配有 2Φ18 的钢筋,箍筋为 HPB300 级钢筋,直径 10 mm,间距为 100 mm,双肢箍。

（2）绘制钢筋翻样图

根据配筋构造的有关规定,得出:

① 纵向受力钢筋端头的保护层为 25 mm;

② 框架纵向受力钢筋 Φ25 的锚固长度为 $35d=35×25$ mm＝875 mm,伸入柱内的长度可达 500 mm－25 mm＝475 mm,需要向上(下)弯 400 mm;

③ 悬臂梁负弯矩钢筋的两根伸至梁端包往边梁后斜向上伸至梁顶部;

④ 吊筋底部宽度为次梁宽＋2×50 mm,按 45°向上弯至梁顶部,再水平延伸 $20d=20×18$ mm＝360 mm。

对照 KL1 尺寸与上述构造要求,绘制单根钢筋翻样图(如图 4－45 所示),并对各种钢筋编号。

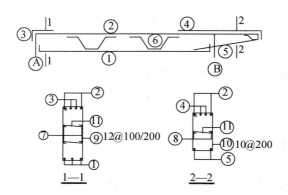

图 4－45　KL1 框架梁钢筋翻样图

（3）计算钢筋下料长度

①号钢筋下料长度

钢筋下料长度＝外包尺寸－弯曲调整值
$$=(7800+2×400-2×25)-2×2d=8550+2×2×25\text{ (mm)}$$
$$=8450\text{ mm}$$

②号钢筋下料长度

外包尺寸＝$(150+7500+2000-2×25)+400+350+200+500\text{(mm)}$
$$=11050\text{ mm}$$

钢筋下料长度＝外包尺寸－弯曲调整值
$$=11050-3×2×25-0.5×25\text{(mm)}=10887\text{ mm}$$

③号钢筋下料长度

钢筋下料长度＝外包尺寸－弯曲调整值

外包尺寸＝l_a/3＋伸入支座长度＋下弯长度

　　　　＝(7500－2×350)/3＋(500－25)＋400(mm)＝2742＋400(mm)

　　　　＝3142 mm

钢筋下料长度＝3142－1×2d＝3142－1×2×25(mm)＝3092 mm

④号钢筋下料长度

外包尺寸＝支座左边水平长度(l_a/3)＋支座长度＋支座右边水平长度＋下弯长度

　　　　＝(7500－2×350)/3＋500＋(2000－150)＋350(mm)

　　　　＝4967 mm

钢筋下料长度＝外包尺寸－弯曲调整值

　　　　　＝4967－1×2×25(mm)＝4917 mm

⑤号钢筋下料长度:同⑦。

⑥号吊筋下料长度如图 4-46 所示。

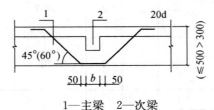

1—主梁 2—次梁

图 4-46 附加吊筋构造

吊筋下料长度＝2×20d＋(b＋2×50)＋2×1.41h_0－4×0.5d

　　　　　＝2×20×18＋(250＋2×50)＋2×1.41×(800－2×25)－

　　　　　　4×0.5×18(mm)

　　　　　＝3149 mm

⑦号钢筋下料长度 7300 mm。

⑧号钢筋下料长度 2050 mm。

⑨号钢筋下料长度

　箍筋下料长度＝箍筋内周长＋箍筋调整值

　　　　　　＝(750＋250)×2＋150(mm)＝2150 mm

　箍筋根数 n＝非加密区根数＋加密区根数

　　　　　　＝(7800－25－2×2h_a)/s_1＋(2×2h_a)/s_2

　　　　　　＝(7800－25－2×2×800)/200＋(2×2×800)/100(根)＝55 根

⑩号钢筋下料长度

箍筋根数 n＝(2000－150－25)/200＋1(根)＝10 根

外伸梁为变截面梁,每根箍筋的高差为

$$\Delta=(h_a-h_c)/(n-1)=(550-350)/(9-1)(\text{mm})=22\text{ mm}$$

箍筋下料长度＝箍筋内周长＋箍筋调整值。

⑩$_1$箍筋下料长度＝$(550+250)\times2+150(\text{mm})=1750\text{ mm}$

⑩$_2$箍筋下料长度＝$1750-2\times22(\text{mm})=1706\text{ mm}$

⑩$_3$～⑩$_{10}$以此类推,下料长度参见表3-19。

⑪号钢筋下料长度＝$(300-2\times25+2\times d)+2\times6.25d$

$$=(300-2\times25+2\times8)+2\times6.25\times8(\text{mm})=366\text{ mm}$$

（4）框架梁配料单,参见表4-14。

（5）制作料牌。

表 4-14　框架梁 KL1 配料单

钢筋编号	简图	直径/mm	钢筋种类	下料长度/m	根数	合计根数/根	重量/kg
①	400┕ 7750 ┙	25	Φ	8450	3	15	488
②	400┕ 9600　500┐350 ┘200	25	Φ	10887	2	10	419
③	400┕ 2742	25	Φ	3092	2	10	119
④	4617 ┐350	25	Φ	4917	2	10	189
⑤	2300	18	Φ	2300	2	10	46
⑥	360　360 1060 350 1060	18	Φ	3149	4	20	127
⑦	7200	14	Φ	7200	4	20	174
⑧	2050	14	Φ	2050	2	10	25
⑨	270 770	10		2150	55	275	365

续表

钢筋编号	简图	直径/mm	钢筋种类	下料长度/m	根数	合计根数	重量/kg
⑩₁	570 ⌐270	10	Φ	1750	1	5	
⑩₂	548×270	10	Φ	1706	1	5	
⑩₃	526×270	10	Φ	1662	1	5	
⑩₄	504×270	10	Φ	1618	1	5	
⑩₅	482×270	10	Φ	1574	1	5	48
⑩₆	460×270	10	Φ	1530	1	5	
⑩₇	438×270	10	Φ	1484	1	5	
⑩₈	416×270	10	Φ	1440	1	5	
⑩₉	392×270	10	Φ	1398	1	5	
⑩₁₀	370×270	10	Φ	1354	1	5	
⑪	266	8	Φ	366	28	140	20

总重量 2020 kg。

4.4　钢筋代换

在施工过程中,由于钢筋供应不及时,其级别、种类和直径不能满足设计要求时,为确保施工质量和进度,往往提出钢筋变更代换的问题。

4.4.1　代换原则

当施工中遇有钢筋的品种和规格与设计要求不符时,可参照以下原则进行钢筋代换:

(1) 等强度代换:当构件受强度控制时,钢筋可按强度相等原则进行代换;

(2) 等面积代换:当构件按最小配筋率配筋时,钢筋可按面积相等原则进行代换;

(3) 当构件受裂缝宽度或挠度控制时,代换后应进行裂缝宽度或挠度验算。

4.4.2　代换注意事项

(1) 钢筋代换时,必须充分了解设计意图和代换材料性能,并严格遵守现行混凝土结构设计规范的各项规定,且代换钢筋应经设计单位同意,并办理变更手续后方能进行。

(2) 钢筋代换时,要充分了解设计意图和代换材料的性能,按设计规范和各规定经计算后提出。

(3) 对吊车梁、屋架下弦等抗裂性要求高的构件,不宜用 HPB300 级光圆钢筋代替 HRB335 级、HRB400 级变形钢筋,以免裂缝开展过宽。

(4) 梁的纵向受力钢筋与弯起钢筋应分别进行代换。

（5）偏心受压构件或偏心受拉构件作钢筋代换时，不取整个截面配筋量计算，应按受力面（受拉或受压）分别进行代换。钢筋代换后，应满足混凝土结构设计规范中规定的钢筋间距、钢筋根数、锚固长度、最小钢筋直径等要求。

（6）有抗震要求的框架，不宜以强度等级较高的钢筋代替原设计中的钢筋。如必须代换时，其代换的钢筋检验所得的实际强度值，钢筋的抗拉强度实测值与屈服强度实测值的比值不应小于1.25，钢筋的屈服强度实测值与钢筋的强度标准值的比值按一级抗震设计的不应小于1.25；按二级抗震设计的不应大于1.4。

（7）同一截面内，可同时配有不同种类和不同直径的钢筋，但每根钢筋的拉力差不应过大（如同一品种的钢筋直径差值一般不大于5 mm），以免构件受力不均。

（8）当构件受裂缝宽度控制时，如以小直径钢筋代换大直径钢筋，强度等级低的钢筋代换强度等级高的钢筋，则可不做裂缝宽度验算。

4.4.3　构件截面的有效高度影响

钢筋代换后，有时由于受力钢筋直径加大或根数增多而需要增加排数，则构件截面的有效高度 h_0 减小，截面强度降低。通常对这种影响可凭经验适当增加钢筋面积，然后再作截面强度复核。

4.4.4　钢筋代换计算（等强度代换方法）

1. 计算法

$$n_2 \geq (n_1 d_1^2 f_{y1})/(d_2^2 f_{y2}) \tag{4-11}$$

式中：n_2——代换钢筋根数；

　　n_1——原设计钢筋根数；

　　d_1——代换钢筋直径；

　　d_2——原设计钢筋直径；

　　f_{y2}——代换钢筋抗拉强度设计值；

　　f_{y1}——原设计钢筋抗拉强度设计值。

上式中有两种特例：

设计强度相同，直径不同的钢筋代换：

$$n_2 \geq n_1 d_1^2/d_2^2 \tag{4-12}$$

直径相同，强度设计值不同的钢筋代换：

$$n_2 \geq n_1 f_{y1}/f_{y2} \tag{4-13}$$

表 4-15　钢筋强度设计值/MPa

钢筋牌号	抗拉强度设计值 f_y	抗压强度设计 f'_y
HPB300	270	270
HRB335 HRBF335	300	300

续表

HRB400 HRBF400 RRB400	360	360
HRB500 HRBF500	435	410

2. 查表法

查表法是利用已知规格和根数的钢筋抗力值对原设计和拟代换的钢筋进行对比,从而确定可代换的钢筋的规格和根数。表中列有各种类别、直径和根数的钢筋拉力($A_s f_y$)值。

训练 1

某主梁原设计为 HRB335 钢筋 3Φ18,因无货供应,拟用 HPB300 钢筋 Φ20 代换,试求代换后钢筋根数。

(1)计算法

$$n_2 \geqslant (n_1 d_1^2 f_{y1})/(d_2^2 f_{y2}) \geqslant 3 \times 18^2 \times 300/20^2 \times 210 (根) = 3.47 根,取 4 根。$$

(2)查表法

原设计抗力为 $A_{s1} f_{y1} = (254.5 \times 3 \times 300) \mathrm{N} = 229\,050\,\mathrm{N} = 229.05\,\mathrm{kN}$,查表 4 - 16,4 Φ20 的钢筋抗力为 $A_{s2} f_{y2} = 263.9\,\mathrm{kN} \geqslant 229.05\,\mathrm{kN}$。

表 4 - 16 钢筋抗力 $A_s f_y / A_s f'_y$

钢筋规格	钢筋根数								
	1	2	3	4	5	6	7	8	9
Φ6	5.94	11.88	17.81	23.75	29.69	35.63	41.56	47.5	53.44
Φ8	10.56	21.11	31.67	42.22	52.78	63.33	73.89	84.45	95
Φ9	13.36	26.72	40.08	53.44	66.8	80.16	93.52	106.9	120.2
Φ8	15.09	30.18	45.27	60.39	75.45	90.59	105.63	120.72	135.81
Φ10	16.49	32.99	49.48	65.97	82.47	98.96	115.5	131.9	148.2
Φ12	23.75	47.5	71.25	95	118.8	142.5	166.3	190	231.8
Φ10	23.55	47.1	70.65	94.2	117.75	141.3	164.185	188.4	211.95
Φ14	32.33	64.65	96.98	129.3	161.6	194	226.3	258.6	290.9
Φ12	33.93	67.86	101.79	135.72	169.65	203.58	237.51	271.44	305.37
Φ16	42.22	84.45	126.7	168.9	211.1	253.3	295.6	337.8	380
Φ14	46.17	92.34	138.51	184.68	230.85	277.02	323.19	369.36	415.53
Φ18	53.44	106.9	160	213.8	267.2	320.6	374.1	427.5	480.9
Φ16	60.33	120.66	180.99	241.32	301.65	361.98	422.31	482.64	542.97
Φ20	65.97	131.9	197.9	263.9	329.9	395.8	461.8	527.8	593.8
Φ18	76.29	152.58	228.87	305.16	381.45	457.74	534.03	610.32	686.61

钢筋规格	钢筋根数								
	1	2	3	4	5	6	7	8	9
Φ20	94.26	188.52	282.78	377.04	471.3	565.56	659.82	754.08	848.34
Φ22	114.03	228.06	342.09	456.12	570.15	684.18	798.21	912.24	1026.27
Φ25	147.27	294.54	441.81	589.08	736.35	883.62	103 0.89	117 8.16	132 5.43
Φ28	184.59	369.18	553.77	738.36	922.95	110 7.54	129 2.13	147 6.72	166 1.31
Φ32	241.29	482.58	723.87	965.16	120 6.45	144 7.74	168 9.03	193 0.32	217 1.61
Φ36	305.37	61.74	91.11	1221.48	152 6.85	183 2.22	213 7.59	244 2.96	274 8.33
Φ40	376.83	753.66	113 0.49	150 7.32	188 4.15	226 0.98	263 7.81	301 4.64	339 1.47

故可用 4Φ20 的钢筋代换。(钢筋截面面积见表 4-17)

训练 2

某工程的墙面配筋为 HPB300Φ10@100,现拟用 HPB300Φ12 按等面积代换,求钢筋根数和间距。

表 4-17   钢筋的计算截面面积及公称质量

直径 d /mm	不同根数钢筋的计算截面面积/mm²									单根钢筋公称质量/(kg/m)
	1	2	3	4	5	6	7	8	9	
3	7.1	14.1	21.2	28.3	35.3	42.4	49.5	56.5	63.6	0.055
4	12.6	25.1	37.7	50.2	62.8	75.4	87.9	100	113	0.099
5	19.6	39	59	79	98	118	138	157	177	0.154
6	28.3	57	85	113	142	170	198	226	255	0.222
6.5	33.2	66	100	133	166	199	232	265	299	0.26
8	50.3	101	15l	201	252	302	352	402	453	0.395
8.2	52.8	106	158	211	264	317	370	423	475	0.432
10	78.5	157	236	314	393	471	550	628	707	0.617
12	113.1	226	339	452	565	678	791	904	1 017	0.888
14	153.9	308	461	615	769	923	1077	1231	1385	1.21
16	201.1	402	603	804	1005	1206	1407	1608	1809	1.58
18	254.5	509	763	1017	1272	1527	1781	2036	2290	2
20	314.2	628	942	1256	1570	1884	2199	2513	2827	2.47
22	380.1	760	1140	1520	1900	2281	2661	3041	3421	2.98
25	490.9	982	1473	1964	2454	2945	3436	3927	4418	3.85
28	615.8	1232	1847	2463	3079	3695	4310	4926	5542	4.83
32	804.2	1609	2413	3217	4021	4826	5630	6434	7238	6.31

续表

直径 d /mm	不同根数钢筋的计算截面面积/mm²									单根钢筋公称质量/(kg/m)
	1	2	3	4	5	6	7	8	9	
36	1017.9	2036	3054	4072	5089	6107	7125	8143	9161	7.99
40	1256.6	2513	3770	5027	6283	7540	8796	10053	11310	9.87
50	1964	3928	5892	7856	9820	11784	13748	15712	17676	15.42

注:表中直径 $d=8.2$ mm 的计算截面面积及公称质量仅适用于有纵肋的热处理钢筋。

(1)计算法(取 1 m 宽墙板计算)

$n_2 \geqslant n_1 d_1^2 / d_2^2 n_2 \geqslant (1000/100) \times 10^2/12^2$(根)$=6.9$ 根,取 7 根,即 $\Phi 12 @ 140$ mm。

(2)查表法

$\Phi 10 @ 100$,查表 4-18,$A_1 = 785$ mm²。可选用 $\Phi 12 @ 140$,$A_2 = 808$ mm²。

$A_2 \geqslant A_1$ 故满足要求。

表 4-18 1 m 宽钢筋混凝土构件的钢筋面积 A/mm²

钢筋间距 /mm	钢筋直径/mm								
	6	6/8	8	8/10	10	10/12	12	12/14	14
80	353	491	628	805	982	1198	1414	1669	1924
90	314	436	559	716	873	1065	1257	1448	1710
100	283	393	503	644	785	958	1131	1335	1539
110	257	357	457	585	714	871	1028	1210	1399
120	236	327	419	537	654	798	942	1113	1283
130	217	302	387	495	604	737	870	1027	1184
140	202	280	359	460	561	684	808	954	1100
150	188	262	335	429	524	639	754	890	1026
160	177	245	314	403	491	599	707	834	962
170	166	231	296	379	462	564	665	785	906
180	157	218	279	358	436	532	628	742	855
190	149	207	265	339	413	504	595	703	810
200	141	196	251	322	393	479	565	668	770
210	135	187	239	307	374	456	539	636	733
220	129	178	228	293	357	436	514	607	700
230	123	171	219	280	341	417	492	580	669
240	118	164	209	268	327	399	471	556	641
250	113	157	201	258	314	383	452	534	616

4.5 钢筋加工

4.5.1 钢筋加工制作

钢筋加工制作时,要将钢筋加工表与设计图复核,检查下料表是否有错误和遗漏,对每种钢筋要按下料表检查是否达到要求,经过这两道检查后,再按下料表放出实样,试制合格后方可成批制作,加工好的钢筋要挂牌堆放整齐有序。

施工中如需要钢筋代换时,必须充分了解设计意图和代换材料性能,严格遵守现行钢筋混凝土设计规范的各种规定,并不得以等面积的高强度钢筋代换低强度的钢筋。凡重要部位的钢筋代换,须征得甲方、设计单位同意,并有书面通知时方可代换。

1. 钢筋加工

(1)钢筋配料:由专业班组根据钢筋加工配料单,使用机械统一加工,分品种、型号、规格分别挂牌堆放。加工成型的钢筋应分类堆放,经过半成品检查合格后,统一领料,分部位、构件、吊运至现场由人工绑扎成型入模。

(2)钢筋的冷加工

钢筋的冷拉:钢筋的冷拉是在常温下对钢筋进行强力拉伸,拉应力超过钢筋的屈服强度,使钢筋产生塑性变形,以达到调直钢筋、提高强度的目的。冷拉钢筋的控制可用控制应力或控制冷拉率的方法。

钢筋的冷拔:钢筋的冷拔是用强力将直径 6～8 mm 的 HPB235 级钢筋在常温下通过特制的钨合金拔丝模,多次拉拔成比原钢筋直径小的钢丝。

冷拔低碳钢丝分为甲、乙级,甲级钢丝主要用于预应力混凝土构件的预应力筋,乙级钢丝用于焊接网片和焊接骨架、架立筋、箍筋和构造钢筋。

(3)除锈

钢筋除锈一般可以通过以下两个途径实现:

大量钢筋除锈可通过钢筋冷拉或钢筋调直机调直过程完成;

少量的钢筋局部除锈可采用电动除锈机或人工用钢丝刷、砂盘以及喷砂和酸洗等方法进行。

(4)钢筋调直:小于 Φ12 的盘圆钢筋,使用冷拉调直,HPB300 级钢筋冷拉率不宜大于 4%,HRB335,HRB400,RRB400 级钢筋冷拉率不宜大于 1%;大于 Φ12 的钢筋应进直钢筋,采用机械切断、弯曲。

(5)钢筋切断:现场钢筋切断通常使用钢筋切断机,少量小直径钢筋也有使用大剪子剪断的,直径大于 40 mm 的钢筋需用氧气乙炔火焰或电弧割切。钢筋切断时,应根据钢号、直径、长度和数量,长短搭配,先切断长料,后切断短料,尽量减少和缩短钢筋短头,以节约钢材。切断前,应将同规格钢筋长短搭配,统筹安排。

(6)钢筋弯折

HPB300 级钢筋末端应做 180°弯钩,其弯弧内直径不应小于钢筋直径的 2.5 倍,弯钩的弯后平直部分长度不应小于钢筋直径的 3 倍。

当设计要求钢筋末端需做 135°弯钩时,HRB335 级、HRB400 级钢筋的弯弧内直径不应小于钢筋直径的 4 倍,弯钩的弯后平直部分长度应符合设计要求。

钢筋做不大于 90°的弯折时,弯折处的弯弧内直径不应小于钢筋直径的 5 倍。

箍筋弯钩弯折角度焊接不应小于 90°;对于抗震结构应为 135°。平直部分不小于箍筋直径的 5 倍;对于抗震结构不小于箍筋直径的 10 倍。

弯曲成型:钢筋弯曲的顺序是画线、试弯、弯曲成型。

画线主要根据不同的弯曲角在钢筋上标出弯折的部位,以外包尺寸为依据,扣除弯曲量度差值。

钢筋弯曲有人工弯曲和机械弯曲。

手工弯曲前应对钢筋各段长度进行画线,一般画线的方法是:将不同角度弯曲下料长度调整值在弯曲操作方向相反的一侧长度内扣除,画上分段尺寸线(弯曲点线),然后按规定方法进行弯曲。成批钢筋冷弯前,应对各种钢筋均试弯一根。

钢筋使用弯曲机成型时,心轴直径应符合 GB 50204—2002 规范规定,成型轴必须加偏心套,以适应不同直径钢筋的弯曲;钢筋弯曲机操作时,因心轴和成型轴同时转动,会带动钢筋向前滑移,钢筋弯曲点线放在工作盘的位置和手工弯曲不同,需在钢筋弯曲前试弯一根摸索规律。

4.5.2　钢筋的连接

钢筋的连接方法主要有:绑扎连接、焊接连接、机械连接。

1. 绑扎连接

钢筋的接头宜设置在受力较小处,同一纵向受力钢筋不宜设置两个或两个以上接头,接头末端至钢筋弯起点的距离不应小于钢筋直径的 10 倍。

钢筋搭接处,应在中心及两端用 20～22 号铁丝扎牢。受拉钢筋绑扎连接的搭接长度应符合要求;受压钢筋绑扎连接的搭接长度,应取受拉钢筋绑扎连接搭接长度的 0.7 倍。

当钢筋长度不够时,可以在适当位置进行搭接,钢筋的接头要注意下列几点:

(1) 基础梁上部钢筋在两个支柱之间的跨中 1/2 范围内不得搭接,基础梁下部钢筋在每个支柱左右各 1/3 跨长范围内不得搭接。

(2) 上部主体结构的梁,上部钢筋在每个支柱左右各 1/3 跨长范围内不得搭接,上部主体结构梁的下部钢筋在两个支柱之间的跨中不得搭接。

(3) 抗震圈梁外墙转角 1 m 范围内应当连续,接头应当在距外墙转角 1 m 以外搭接。

(4) 钢筋直径>22 mm 时,不宜采用非焊接的搭接接头;对轴心受压和偏心受压柱中的受压钢筋,当钢筋直径≤32 mm 时,可采用非焊接的搭接接头,但接头位置应设置在受力较小处。

(5) 在可以搭接的纵向钢筋搭接范围内,有几点必须注意:

首先,纵向钢筋搭接接头数量在同一截面有限制:受拉钢筋≤1/4,受压钢筋≤1/2,如果不清楚钢筋是受拉还是受压,那就应当从严掌握,按受拉钢筋 1/4 实施。

其次,在纵向钢筋搭接接头范围内的箍筋必须加密,当搭接钢筋为受拉时,箍筋间距不应大于 5d(d 为纵向钢筋较小直径),并且不应大于 100 mm。当搭接钢筋为受压时,箍筋间距不应大于 10d,并且不应大于 200 mm(d 为受力钢筋中的最小直径)。

注意,只有 4 根纵向钢筋的构造柱千万不可采用两长两短的错开方式搭接。抗震试验表明,构造柱 4 根钢筋在楼板面一次搭接对抗震更有利。

经验表明,轴心受压和小偏心受压的轻荷载少层房屋的矩形截面柱子每边纵向钢筋不超过 3 根时,也不宜分截面搭接。

有抗震要求的柱子的箍筋应做 135°弯钩;箍筋弯钩的平直段长度应≥10d,在钢筋用量计算中注意。

2. 焊接连接

钢筋下料时,为了减少废料的产生,通常应考虑长短料焊接使用。直径 22 mm 以下的钢筋一般采用连续闪光对焊,直径 22 mm 以上的钢筋,端头平整的可采用预热闪光焊,端头不平整的,采用闪光－预热－闪光焊,现场没有对焊机时也可以使用搭接焊和帮条焊。这几种焊接操作方法见钢筋焊接施工工艺标准。

根据设计要求,直径≥18 mm 的钢筋优先采用机械接长、套筒挤压连接技术,其余钢筋接长,水平筋采用对焊与电弧焊,竖向筋优先采用电渣压力焊。

(1)对焊操作要求

HRB335,HRB400 级钢筋的可焊性较好,焊接参数的适应性较宽,只要保证焊缝质量,拉弯时断裂在热影响区就较小。因此其操作的关键是掌握合适的顶锻。

采用预热闪光焊时,其操作要点为一次闪光,闪平为准;预热充分,频率要高;二次闪光,短、稳、强烈;顶锻过程,快速有力。

(2)电弧焊

钢筋电弧焊分帮条焊、搭接焊、坡口焊和熔槽四种接头形式。

帮条焊:帮条焊适用于 HPB300,HRB335 级钢筋的接驳,帮条宜采用与主筋同级别、同直径的钢筋制作。

搭接焊:搭接焊只适用于 HPB300,HRB335,HRB400 级钢筋的焊接,其制作要点除注意对钢筋搭接部位的预弯和安装,应确保两钢筋轴线相重合之外,其余则与帮条焊工艺基本相同。一般单面搭接焊为 10d,双面焊为 5d。

钢筋坡口焊对接分坡口平焊和坡口立焊对接。

(3)竖向钢筋电渣压力焊

电渣压力焊是利用电流通过渣池产生的电阻热将钢筋端溶化,然后施加压力使钢筋焊合。

电渣压力焊焊接工艺程序:

安装焊接钢筋→安装引弧铁丝球→缠绕石棉绳装上焊剂盒→装放焊剂,接通电源,"造渣"工作电压 40～50 V,"电渣"工作电压 20～25 V→造渣过程形成渣池→电渣过程钢筋端面溶化→切断电源顶压钢筋完成焊接→卸出焊剂,拆卸焊盒→拆除夹具。

焊接钢筋时,用焊接夹具分别钳固上、下的待焊接的钢筋,上、下钢筋安装时,中心线要一致。

安放引弧铁丝球:抬起上钢筋,将预先准备好的铁丝球安放在上、下钢筋焊接端面的中间位置,放下上钢筋,轻压铁丝球,使接触良好。放下钢筋时,要防止铁丝球被压扁变形。

装上焊剂盒:先在安装焊剂盒底部的位置缠上石棉绳,然后再装上焊剂盒,并往焊剂盒满装焊剂。

安装焊剂盒时,焊接口宜位于焊剂盒的中部,石棉绳缠绕应严密,防止焊剂泄漏。

接通电源,引弧造渣:按下开头,接通电源,在接通电源的同时将上钢筋微微向上提,引燃电弧,同时进行"造渣延时读数"计算造渣通电时间。

"造渣过程"工作电压控制在 40～50 V 之间,造渣通电时间约占整个焊接过程所需通电时间的 3/4。

"电渣过程":随着造渣过程结束,即刻转入"电渣过程",同时进行"电渣延时读数",计算电渣通电时间,并降低上钢筋,把上钢筋的端部插入渣池中,徐徐下送上钢筋,直至"电渣过程"结束。

"电渣过程"工作电压控制在 20～25 V 之间,电渣通电时间约占整个焊接过程所需通电时间的 1/4。

顶压钢筋,完成焊接:"电渣过程"延时完成,电渣过程结束,切断电源,同时迅速顶压钢筋,形成焊接接头。

卸出焊剂,拆除焊剂盒、石棉绳及夹具。

卸出焊剂时,应将料斗卡在剂盒下方,回收的焊剂应除去溶渣及杂物,受潮的焊剂应烘焙干燥后,可重复使用。

钢筋焊接完成后,应及时进行焊接接头外观检查,外观检查不合格的接头,应切除重焊。

3. 机械连接

钢筋机械连接又称为"冷连接",是继绑扎、焊接之后的第三代钢筋接头技术。具有接头强度高于钢筋母材、速度比电焊快 5 倍、无污染、节省钢材 20％等优点。

对 Φ18 以上(包括 Φ18)梁、柱钢筋及底层柱筋要求采用机械连接方式进行钢筋接长。为保证工程质量,一般采用套筒钢筋挤压连接进行 Φ18 以上钢筋的连接。此新技术是通过钢筋端头特制的套筒挤压形成的接头。具体要求如下:

(1)遵从国家建设部颁发的《带肋钢筋套筒挤压连接技术规程》进行施工。

(2)施工操作

操作人员必须持证上岗。

挤压操作时采用的挤压力、压模亮度、压痕直径或挤压后套筒长度向波动范围以及挤压道数均应符合经型式检验确定的技术参数的要求。

挤压前应做下列准备工作:

钢筋端头的铁皮、泥砂、油漆等杂物应清理干净。

应对套筒做外观尺寸检查。

应对钢筋与套筒进行试套,如钢筋有马蹄、弯折或纵肋尺寸过大者,应预先矫正或用砂轮打磨,对不同直径钢筋的套筒不得相互串用。

钢筋连接端应划出明显定位标记,确保在挤压和挤压后按定位标记检查钢筋伸入套筒内的长度。

检查挤压设备情况,并进行试压,符合要求后方可作业。

挤压操作应符合下列要求：

应按标记检查钢筋插入套筒内的深度，钢筋端头离套筒长度中点不宜超过 10 mm。

挤压时挤压机与钢筋轴线应保持垂直。

挤压宜从套筒中央开始，并依次向两端挤压。

宜先挤压一端套筒，在施工作业区插入待接钢筋后再挤压另一端套筒。

钢筋连接工程开始前及施工过程中，应对每批进场钢筋进行挤压连接工艺检验，工艺检验应符合下列要求：

每种规格钢筋的接头试件不应少于三根。

接头试件的钢筋母材应进行抗拉强度试验。

挤压接头的现场检验按验收批进行，同一施工条件下采用一批材料的同等级、同形式、同规格接头，以 500 个为一个验收批进行检验与验收，不足 500 个也作一批验收批。

4.5.3　钢筋加工机械

钢筋加工机械的用电应执行有关规定，开关箱及电源的装拆和电气故障的排除，应由电工进行。机械的安装应坚实稳固，保持水平位置。固定式机械应有可靠的基础，移动式机械作业时应楔紧行走轮，室外作业应设置机棚，机旁应有堆放原料、半成品的场地。加工较长的钢筋时，应有专人帮扶，并听从操作人员指挥，不得任意推拉。作业后，应堆好成品，清理场地，切断电源，锁好开关箱，做好润滑工作。

1. 使用钢筋调直切断机时应遵守的规定

（1）料架、料槽应安装平直，并应对准导向筒、调直筒和下切刀孔中心线。

（2）应用手转动飞轮，检查传动机构和工作装置，调整间距，紧固螺栓，确认正常，起动空运转，并应检查轴承无异响，齿轮啮合良好，运转正常后，方可作业。

（3）应按被调直钢筋的直径，选用适当地调直块及传动速度。调直块的孔径应比被调直钢筋的直径大 2～5 mm，传动速度应根据钢筋直径选用，直径大的宜选用慢速，经调试合格，方可送料。

（4）在调直块未固定、防护罩未盖好之前不得送料。作业中严禁打开各部防护罩并调整间隙。

（5）当钢筋送入后，手与曳轮应保持一定的距离，不得接触。

（6）送料前，应将不直的钢筋端头切除。导向筒前安装一根长 1 m 的钢管。钢筋应先穿过钢管再送入调直前端的导孔内。

2. 使用钢筋切断机时应遵守的规定

（1）接送料的工作台面和切刀下部保持水平，工作台的长度可根据加工材料长度确定。

（2）启动前，应检查并确认切刀无裂纹，刀架螺栓紧固，防护罩牢靠。然后用手转动皮带轮，检查齿轮啮合间隙，调整切刀间隙。

（3）启动后，应先空运转，检查各传动部分及轴承运转正常后，方可作业。

（4）机械未达到正常转速时，不得切料。切料时，应使用切刀的中下部位，紧握钢筋对准刃口迅速投入,操作者应站在固定刀片一侧用力压住钢筋,应防止钢筋末端弹出伤人。严禁用两手在刀片两边握住钢筋俯身送料。

(5) 不得剪切直径及强度超过机械铭牌规定的钢筋和烧红的钢筋。一次切断多根钢筋时,其总截面面积应在规定范围内。

(6) 剪切低合金钢时,应更换高硬度切刀,剪切直径应符合机械铭牌规定。

(7) 切断短料时,手和切刀之间的距离应保持在 150 mm 以上,如手握端小于 400 mm 时,应采用套管或夹具将钢筋短头夹住或夹牢。

(8) 运转中,严禁用手直接清除切刀附近的断头和杂物。钢筋摆动周围和切刀周围不得停留非操作人员。已切断的钢筋堆放要整齐,防止切口突出、误踢割伤。

(9) 当发现机械运转不正常、有异响或切刀歪斜时,应立即停机检修。

(10) 作业后,应切断电源,用钢刷清除切刀间的杂物,进行整机清洁润滑。

(11) 液压传动式切断机作业前,应检查并确认液压油位及电动机旋转方向符合要求。启动后,应空载运转,松开放油阀,排尽液压缸体内的空气,方可进行切筋。

(12) 手动液压式切断机使用前,应将放油阀按顺时针方向旋紧,切割完毕后,应立即按逆时针方向旋松。作业中,手应持稳切断机,并戴好绝缘手套。

3. 使用钢筋弯曲机应遵守的规定

(1) 工作台和弯曲机应保持水平,作业前应准备好各种芯轴及工具。

(2) 应按加工钢筋的直径和弯曲半径要求,装好相应规格的芯轴和成型轴、挡铁轴。芯轴直径应为钢筋直径的 2.5 倍。挡铁轴向有轴套。

(3) 挡铁轴的直径和强度不得小于被弯钢筋的直径和强度。不直的钢筋,不得在弯曲机上弯曲。应检查并确认芯轴、挡铁轴、转盘等无裂纹和损伤,防护罩应坚固可靠,空载运转正常后,方可作业。

(4) 作业时,应将钢筋需弯曲一端插入转盘固定销的间隙内,另一端紧靠机身固定销,并用手压紧,应检查机身固定销,并确认安放在挡住钢筋的一侧,方可开动。

(5) 作业中,严禁更换轴芯、销子和变换角度以及调速,也不得进行清扫和加油。

(6) 对超过机械铭牌规定直径的钢筋严禁进行弯曲。在弯曲未经冷拉或带有锈皮的钢筋时,应戴防护镜。

(7) 弯曲高强度或低合金钢筋时,应按机械铭牌规定换算最大允许直径并应调换相应的芯轴。

(8) 在弯曲钢筋的作业半径内和机身不设固定销的一侧严禁站人。弯曲好的半成品,应堆放整齐,弯钩不得朝上。

(9) 转盘换向时,应待停稳后进行。

(10) 作业后,应及时清洗转盘及插入孔内的铁锈、杂物等。

4. 使用钢筋冷拉机时应遵守的规定

(1) 应根据冷拉钢筋的直径,合理选用卷扬机。卷扬机前应设置防护挡板,卷扬钢丝绳应经封闭式导向滑轮并和被拉钢筋水平方向成直角,卷扬机的位置应使操作人员能见到全部冷拉场地,卷扬机与冷拉中线距离不得少于 5 m。

（2）冷拉场地应在两端地锚外侧设置警戒区,并应安装防护栏板及警告标志。无关人员不得在此停留,作业人员在作业时必须离开钢筋2 m以外。

（3）用配重控制的设备应与滑轮匹配,并应有指示起落的记号,没有指示记号时应有专人指挥。配重架四周应有栏杆及警告标志

（4）作业前,应检查冷拉夹具,夹齿应完好,滑轮、拖拉小车应润滑灵活,拉钩、地锚及防护装置均应齐全、牢固。确认良好后,方可作业。

（5）卷扬机操作人员必须看到指挥人员发出的信号,并待所有人员离开危险区后方可作业。冷拉应缓慢、均匀。当有停车信号或见到有人进入危险区时,应立即停拉,并稍稍放松卷扬机钢丝绳。

（6）用延伸率控制的装置,应装设明显的限位标志,并应有专人负责指挥。

（7）夜间作业的照明设施,应装设在冷拉危险区域外。当需要装置在场地上空时,其高度应超过5 m。灯泡应加防护罩,导线严禁采用裸线。

（8）作业后,应放松卷扬机钢丝绳,落下配重,切断电源,锁好开关箱。

5. 使用预应力钢丝拉伸设备时应遵守的规定

（1）作业场地两端外侧应设有防护栏杆和警告标志。台座两端应设有防护设施,并在张拉预应力筋时,沿台座长度方向每隔4～5 m设置一个防护架,两端严禁站人,更不准进入台座。

（2）作业前,应检查被拉钢丝两端的镦头,当有裂纹或损伤时,应及时更换。

（3）固定钢丝镦头的端钢板上圆孔直径应较所拉钢丝的直径大0.2 mm。

（4）高压油泵启动前,应将各油路调节阀松开,然后开动油泵,待空载运转正常后,再紧闭回油阀,逐渐拧开进油阀,待压力表指示达到要求,油路无泄漏,确认正常后,方可作业。

（5）作业中,操作应平稳、均匀。张拉时,两端不得站人。拉伸机在有压力情况下,严禁拆卸液压系统的任何零件。

（6）高压油泵不得超载作业,安全阀应按设备额定油压调整,严禁任意调整。

（7）在测量钢丝的伸长时,应先停止拉伸,操作人员必须站在侧面操作。

（8）用电热张拉法时,当张拉达到张拉值时,应先断电,然后锚固。操作人员带电作业时,应穿戴绝缘胶鞋和绝缘手套。钢筋在冷却过程中,两端严禁站人。

（9）张拉时,不得用手摸或用脚踩钢丝。

（10）高压油泵停止作业时,应先断开电源,再将回油阀缓缓松开,待压力表退回至零位时,方可卸开通往千斤顶的油管接头,使千斤顶全部卸荷。

（11）钢筋张拉后要加以防护,禁止压重物或在上面行走。浇灌混凝土时,要防止振动器冲击预应力钢筋。

（12）千斤顶支脚必须与构件对准,放置平正,测量拉伸长度、加楔和拧紧螺栓,应先停止拉伸,并站在两侧操作,防止钢筋断裂,回弹伤人。

6. 使用冷镦机时应遵守的规定

（1）应根据钢筋直径,配换相应夹具。

（2）应检查并确认模具、中心冲头无裂纹,并应校正上下模具与中心冲头的同心度,紧

固各部螺栓,做好安全防护。

（3）启动后应空运转,调整上下模具紧度,对准冲头模进行镦头校对,确认正常后,方可作业。

（4）机械未达到正常转速时,不得镦头。当镦头出的头不匀时,应及时调整冲头与夹具的间隙,冲头导向块应保持足够的润滑。

7. 使用钢筋冷拔机时应遵守的规定

（1）应检查并确认机械各连接牢固,冷拔机与轴承架要保持水平,使主轴与滚筒轴转动灵活。模具无裂纹,轧头和模的规格配套。然后启动主机空转,确认正常后,方可作业。

（2）作业前,工作台上的杂物要清除干净,机械附近地面和通道不应有障碍物,并应检查轴承油量和在滚筒轴孔内加注润滑油。

（3）传动皮带轮和齿轮必须装置防护罩,伞形齿轮前端要装防护网,机械工作台的后端要装防护网,机械工作台的后端要装挡板。

（4）操作人员袖口裤管要扎紧,女工要戴帽子。当挂上传动链带时不得戴手套（握钢筋时应戴厚手套）。

（5）作业时,合上离合器后,操作人员应后退离机 0.5 m 以外,手和轧辊应保持 0.3～0.5 m 距离,并站在滚筒右侧,禁止用手直接接触钢筋和滚筒。

（6）冷拔钢筋时,每道工序的冷拔直径应按机械出厂说明书规定进行,不得超量缩减模具孔径,无资料时,可按每次缩减孔径 0.5～1.0 mm。

（7）轧头时,应先使钢筋的一端穿过模具长度达 100～150 mm,再用夹具夹牢。

（8）冷拔模架中应随时加足润滑剂,润滑剂应采用石灰和肥皂水调和晒干后的粉末。钢筋通过冷拔模前应抹少量润滑脂。

（9）当钢筋的末端通过冷拔模后,应立即脱开离合器,同时用手闸挡住钢筋末端,防止弹开伤人。

（10）拔丝过程中要经常注意放线架、压辊架、滚筒三者间运转情况,当出现断丝或钢筋打结乱盘时,应立即停机;在处理完毕后,方能开机。

8. 使用钢筋冷挤压连接机时应遵守下列规定

（1）设备使用前后的拆装过程中,超高压油管两端的接头及压接钳、换向阀的进出油接头,应保持清洁,并应及时用专用防尘帽封好。超高压油管的弯曲半径不得小于 250 mm,扣压接头处不得扭转,且不得有死弯。

（2）挤压机的使用,应遵守其出厂说明书的规定;高压胶管不得荷重拖拉、弯折和受到尖利物体刻划。

（3）检查挤压设备情况,应进行试压,符合要求后方可作业。

（4）作业后,应收拾好成品、套筒和压模,清理场地,切断电源,锁好开关箱,最后将挤压机和挤压钳放到规定地点。

4.5.4 钢筋绑扎的准备工作

为了保证钢筋绑扎的质量和提高工效,钢筋绑扎前应充分做好准备工作。一般应做好以下几项工作：

（1）施工图是钢筋绑扎、安装的重要依据。熟悉结构施工图和配筋图，明确各部位做法，明确钢筋安装的位置、标高、形状、各细部尺寸及其他要求，确定各类结构钢筋正确合理的绑扎顺序。

（2）根据配筋图及钢筋配料单，清理核对成型钢筋。要核对钢号、直径、形状、尺寸和数量，以及出厂合格证明、复验单，如有错漏，应及时纠正增补。

（3）根据施工组织设计中对钢筋安装时间和进度的要求，研究确定相应的施工方法。

（4）备好机具、材料。应备好扳手、绑扎钩、小撬棍，绑扎铅丝、划线尺、保护层垫块，临时加固支撑、拉筋，以及双层钢筋需用的支架等，搭设操作架子等常用工具。

（5）对形式复杂钢筋交错密集的结构部位，应先研究逐根钢筋穿插就位的先后顺序；与木工相互配合，固定支模与钢筋绑扎的先后顺序，以保证绑扎与安装的顺利进行，以免造成不必要的返工。

（6）清扫与弹线。清扫绑扎地点，弹出构件中线或边线，在模板上弹出洞口线，必要时弹出钢筋位置线。

平板或墙板的钢筋，在模板上划线；柱的钢筋，在两根对角线主筋上划线；梁的箍筋，则在架立筋上划线；基础的钢筋在固定架上画线或在两向各取一根钢筋划点或在垫层上划线。

钢筋接头位置，应根据来料规格，结合钢筋有关接头位置、数量的规定，使其错开，在模板上划线。

（7）做好钢筋的除锈和运输工作。

（8）做好互检、自检及交检工作，在钢筋绑扎安装前，应会同施工员、木工等工种，共同检查模板尺寸、标高、预埋铁件，水、电、气的预留工作。

4.5.5　钢筋绑扎的要求

（1）钢筋绑扎接头位置的要求以及钢筋位置的允许偏差应符合国家现行《混凝土结构工程施工质量验收规范》(GB 50204—2015)的规定。

钢筋绑扎接头宜设置在受力较小处。同一纵向受力钢筋不宜设置两个或两个以上接头。接头末端至钢筋弯起点距离不应小于钢筋直径的10倍。

（2）同一构件中相邻纵向受力钢筋的绑扎接头宜相互错开。绑扎搭接接头中钢筋的横向间距不应小于钢筋直径，且不应小于25 mm。

（3）当出现下列情况，如钢筋直径大于25 mm、混凝土凝固过程中受力钢筋易受扰动、涂环氧的钢筋、带肋钢筋末端采用机械锚固措施、混凝土保护层厚度大于钢筋直径的3倍、抗震结构构件等，纵向受钢筋的最小搭接长度应按有关规定进行修正。

（4）在绑扎接头的搭接长度范围内，应采用铁丝绑扎三点。

（5）冷轧带肋钢筋严禁采用焊接接头，但可制成点焊网片。

（6）绑扎接头时，一定要保证接头扎牢，然后再与其他钢筋绑扎。在绑扎时注意保证主筋的保护层厚度，并保证绑扎的钢筋网片或钢筋骨架不发生变形或松脱现象。

（7）绑扎钢筋的铁丝头应朝内，不能侵入到混凝土保护层厚度内。

（8）下列情况不得采用绑扎连接：

① 轴心受拉和小偏心受拉构件中的钢筋接头应采用焊接，不得采用绑扎连接。

② 普通混凝土中直径大于 25 mm 的钢筋和轻骨料混凝土中直径大于 20 mm 的钢筋不应采用绑扎接头。

4.5.6   钢筋检查

钢筋绑扎安装完毕后,应按以下内容进行检查:

(1) 对照设计图纸检查钢筋的钢号、直径、根数、间距、位置是否正确,应特别注意负筋的位置。

(2) 检查钢筋的接头位置和搭接长度是否符合规定。

(3) 检查混凝土保护层的厚度是否符合规定。

(4) 检查钢筋是否绑扎牢固,有无松动变形现象。

(5) 钢筋表面不允许有油渍、漆污和片状铁锈。

(6) 安装钢筋的允许偏差,不得大于规范的要求。

4.5.7   混凝土施工过程中的注意事项

(1) 在混凝土浇筑过程中,混凝土的运输应有自己独立的通道。运输混凝土不能损坏成品钢筋骨架。应在混凝土浇筑时派钢筋工现场值班,及时修整移动的钢筋或扎好松动的绑扎点。

(2) 混凝土施工缝不应随意留置,其位置应事先在施工技术方案中确定,应尽可能留置在受剪力较小的部位,并且便于施工。钢筋工应在混凝土再次浇筑前,认真调整施工缝部位的钢筋。

4.6   钢筋工程的检查与常见问题

4.6.1   钢筋工程的质量检查

1. 工程质量验收的划分

建筑工程质量验收应划分为单位(子单位)工程、分部(子分部)工程、分项工程和检验批。

(1) 检验批合格质量应符合下列规定:

主控项目的质量经抽样检验合格。

一般项目的质量经抽样检验合格;当采用计数检验时,一般项目的合格点率应≥80%,且不得有严重缺陷。

具有完整的施工操作依据和质量检查记录。

(2) 分项工程合格质量应符合下列规定:

分项工程所含检验批均应符合合格质量的规定。

分项工程所含检验批的质量检查记录应完整。

按照建筑工程分部工程、分项工程划分的规定,钢筋工程、预应力工程均为分项工程,属于混凝土结构子分部工程,而混凝土结构子分部工程属于主体结构分部工程。

2. 钢筋工程质量检验项目

（1）钢筋加工

钢筋加工的检验项目、具体要求、检查数量和检验方法见表 4 - 19。

表 4 - 19　钢筋加工的检验项目、具体要求、检查数量和检验方法

项目		要求	检查数量	检验方法
主控项目	受力钢筋的弯钩和弯折	1）HPB300 级钢筋末端应做 180°弯钩，其弯弧内直径不应小于钢筋直径的 2.5 倍，弯钩的弯后平直部分长度不应小于钢筋直径的 3 倍； 2）当设计要求钢筋末端需做 135°弯钩时，HRB335 级、HRB400 级钢筋的弯弧内直径不应小于钢筋直径的 4 倍，弯钩的弯后平直部分长度应符合设计要求； 3）钢筋做不大于 90°的弯折时，弯折处的弯弧内直径不应小于直径的 5 倍。	按每工作班同一类型钢筋、同一加工设备抽查不应少于 3 件	钢尺检查
	箍筋的末端弯钩	1）除焊接封闭环式箍筋外，箍筋的末端应做弯钩，弯钩形式应符合设计要求；当设计无具体要求时，应符合下列规定： ① 箍筋弯钩的弯弧内直径除应满足受力钢筋的弯钩和弯折的规定外，尚应不小于受力钢筋直径。 ② 箍筋弯钩的弯折角度：对一般结构，不应小于 90°；对有抗震等要求的结构，应为 135°。 ③ 箍筋弯后平直部分长度：对一般结构，不宜小于箍筋直径的 5 倍；对有抗震等要求的结构，不应小于箍筋直径的 10 倍。		钢尺检查
一般项目	钢筋调直	钢筋调直宜采用机械方法，也可采用冷拉方法。当采用冷拉方法调直钢筋时，HPB300 级钢筋的冷拉率不宜大于 4%，HRB335 级、HRB400 级和 RRB400 级钢筋的冷拉率不宜大于 1%。		观察，钢尺检查
	钢筋加工	钢筋加工的形状、尺寸应符合设计要求，其允许偏差为： 1）受力钢筋顺长度方向全长的净尺寸±10 mm； 2）弯起钢筋的弯折位置±20 mm； 3）箍筋内净尺寸±5 mm。		钢尺检查

（2）钢筋连接

钢筋连接的检验项目、具体要求、检查数量和检验方法符合相关要求。

（3）钢筋安装

钢筋安装的检验项目、具体要求、检查数量和检验方法符合相关要求。

4.6.2　常见质量通病与防治工作

1. 钢筋原材品种、等级混杂不清

原因：原材管理不善，制度不严，入库之前专职材料人员没有严格把关。

措施:专职材料人员必须认真做好钢材验收工作,仓库内应按钢筋品种、规格大小划分不同堆放区域,并做好明显标志。

2. 钢筋全长有一处或数处弯曲或曲折

原因:条状钢筋运输时装车不注意,运输车辆较短,条状钢筋弯折过度。卸车时吊点不准,堆放压垛过重。

措施:采用车身较长的运输车和拖挂车运输,尽量采用吊架装卸车。如用钢丝绳捆绑,装卸时的位置要合适。堆放时不能过高,不准在其上放置其他重物。对已弯折的钢筋可用机械或手工调直,但对于 HPB300,HRB335 级钢筋的曲折及调整应特别注意。若出现调整不直或有裂缝的钢筋,不得用做受力钢筋。

3. 成型钢筋变形

原因:成型后摔放,地面不平,堆放时过高压弯,搬运方法不当或搬运过于频繁。

措施:成型后或搬运堆放要找平场地,轻拿轻放,搬运车辆应合适,垫块位置恰当,最好单层堆放,如重叠堆放以不压下面钢筋为准,并按使用先后堆放,避免翻堆。若变形偏差太大不符合要求,应校正或重新制作。

4. 钢筋代换后,数根钢筋不能均分

表现为在一结构中,同一编号钢筋分几处布置,因进行规格代换后根数变动,不能均分几处。

原因:进行钢筋代换时,没有分析施工图看该号钢筋是否是分几处布置,如图纸设计为 8Φ20,根据等面积代换该用 9Φ18,但施工图上分两处,每处 4 根,9 根就无法均分。

措施:钢筋代换前要分析研究施工图,理解设计意图,如果分几处放置,就要将总根数改分根数,然后按分根数考虑代换方案。如果出现无法均分现象,可以按新方案重新代换,或根据具体条件补充不足部分。

5. 同一截面钢筋接头过多

表现为在已绑扎或安装的钢筋骨架中发现同一截面内受力钢筋接头太多,其截面面积占受力钢筋总截面面积的百分率超出规范规定数值。

原因:钢筋配料技术人员配料时疏忽大意,没有认真考虑原材长度;不熟悉有关绑扎、焊接接头的规定;没有分清钢筋位于受拉区或受压区。

措施:配料时首先要仔细了解钢材原材料长度,再根据设计要求,选择搭配方案;要学习规范,理解同一截面的含义;分清受拉区和受压区,若分不清,都按受拉区设置搭接接头;轴心受拉和轴心受压构件中的钢筋接头,均采取焊接接头;现场绑扎时,配料人员要作详细交底,以免放错位置;若发现接头数量不符合规范规定,但未进行绑扎,应再重新指定设置方案,已绑扎好的,一般情况下应拆除骨架,重新配制绑扎的措施,或抽出个别有问题的钢筋,返工重做。

6. 现浇肋形楼板的负弯矩钢筋歪斜,甚至倒垂在下部受力钢筋上

表现为已绑扎好的肋形楼板四周和梁上部的负弯矩钢筋被踩斜。

原因:绑扎不牢;只有几根分布筋连接,整体性差,施工中不注意人为碰撞。

措施:负弯矩钢筋按设计图纸定位,绑扎牢固,适当放置钢筋支撑,将其与下部钢筋连接,形成整体,刚浇筑混凝土时,采取保护措施,避免人员踩压。对已被压倒的负弯矩钢筋,

浇筑混凝土前应及时调整复位加固,不能修整的钢筋应重新制作。

7. 结构预留钢筋锈蚀

表现为现场柱、梁预留钢筋出现黄色或暗红色锈斑。

原因:梁、柱预留钢筋长期暴露在外,受雨雪侵蚀所致。

措施:工程上梁柱预留钢筋因长期不能进行下道工序施工时,应采取水泥浆涂抹表面或浇筑低等级混凝土,量大时,可搭设防护篷或用塑料布包裹。如出现锈迹,必须用手工或机械除锈,严重锈蚀,视具体情况,研究分析后,采取稳妥方案处理。

8. 电弧焊接头尺寸不准

表现为帮条及搭接接头焊缝长度不足;帮条沿接头中心成纵向偏移;接头处钢筋轴线弯折和偏移;焊缝尺寸不足或过大。

原因:主要是施焊前准备工作没有做好,操作比较马虎,预制构件钢筋位置偏移过大,钢筋下料不准。

措施:预制构件制作时,应严格控制钢筋的相对位置;钢筋下料和校对应由专人负责,施焊前认真检查,确认无误后,先点焊控制位置,然后正式焊接。焊接人员一定通过考试,持证上岗。

9. 弯起钢筋的放置方向错误

表现为弯起钢筋方向不对,弯起的位置不对。

原因:事先没有对操作人员认真交底,造成操作错误,或在钢筋骨架立模时,疏忽大意。

措施:对发生类似操作错误的问题,事先应对操作人员做详细的交底,并加强检查与监督,或在钢筋骨架上挂提示牌,提醒安装人员注意。

10. 箍筋间距不足

表现为箍筋的间距过大或过小,影响施工或工程质量。

原因:图纸上所注的间距为近似值,若按此近似值绑扎,则箍筋的间距和根数有出入。操作人员绑前不放线,按大概尺寸绑扎。

措施:绑前应根据配筋图预先算好箍筋的实际间距,并划线作为绑扎的依据,已绑好的钢筋骨架的间距不一致时,可做局部调整,或增加1～2个箍筋。

11. 钢筋搭接长度不够

表现为钢筋绑扎或搭接焊时,搭接长度不够,满足不了设计的要求。

原因:现场操作人员对钢筋搭接长度的要求不了解,特别是对新规范不熟悉。

措施:提高操作人员对钢筋搭接长度必要性的认识和掌握搭接长度的标准,操作时对接头应逐个测量,检查搭接长度是否符合要求。

12. 钢筋保护层垫块设置不合格

表现为垫块厚度不足;垫块厚度过厚;垫块未放置好;垫块强度不足,脆裂。

原因:忘记放置垫块。

措施:为确保保护层的厚度,钢筋骨架要垫砂浆垫块或塑料定位卡,其厚度应根据设计要求的保护层厚度来确定。

骨架内钢筋与钢筋之间间距为 25 mm 时,宜用 25 mm 的钢筋控制,其长度同骨架宽。所用垫块与 25 mm 的钢筋头之间的距离宜为 1 m,不超过 2 m。

对于双向双层板钢筋,为确保钢筋位置准确,要垫以铁马凳,间距 1 m。

13. 钢筋弯曲成型后弯曲处断裂

原因:弯曲轴未按规定更换;加工场地气温过低;材料含磷量高。

措施:更换成形轴后再弯曲;加工场地围挡加温至 0℃ 以上;重新做化学分析冷弯试验。

14. 钢筋有纵向裂纹或重皮

原因:生产厂轧制工艺或原料原因造成。

措施:取部分实物送生产厂家提请注意,其余可作为架立筋使用或用于结构受力较小处。

15. 钢筋对焊不上

原因:钢内夹有其他杂质。

措施:切断该段钢筋重新配料对焊。

16. 钢筋、钢丝调直时表面拉伤

原因:调直机压辊间隙不准,调直模不正。

措施:调整压辊间隙及调直模至适合被调直钢筋、钢丝尺寸,对已出现拉伤的部分用于结构中不重要位置。

17. 切断尺寸不准和被剪断钢筋端部有钩

原因:定尺板松动、切断刀片松动或定位不准,或刀片磨损严重。

措施:紧固定尺板及刀片;调整刀片开口至适合所断钢筋缝隙;更换已损伤的刀片,对所断钢筋长度的(其量不会太大)重新切断长的部分,短的再重新配其他较短钢筋。

18. 箍筋不规范

原因:弯曲定尺移位;成型轴变形;多根弯角度不准。

措施:重新测定弯曲定位尺;更换成型轴;弯曲时多根钢筋对齐贴紧开动机器;严格控制弯曲角度。

对已弯曲成品超过规范通常允许的 HPB300 钢筋重新调整弯曲一次(不允许二次);对于 HRB335 钢筋单放,改变用途。

19. 基础桩钢筋笼成形后不圆

原因:成型箍筋直径过小,间距过大。

措施:通过设计或技术负责人改变设计,加大成型箍筋直径,缩小间距,增加桩筋的地面施工刚度。

对已成型的桩拆开重新成型。切记不可损伤主筋。

20. 冷拉钢筋伸长率不合格

原因:钢筋原材含碳过高或表现在强度过高使伸长率过小;控制应力过大或控制冷拉率过大。

措施:伸长率指标小于技术标准的冷钢筋,经对其屈服点、抗拉强度、伸长率和冷弯指标试验确定后定为不合格品,挪作架立筋或分布筋使用。

21. 绑扎安装骨架外形不准

原因：各号钢筋加工尺寸不准或扭曲；安装时各号钢筋未对齐，或某号钢筋位置不对。

措施：测量各号钢筋尺寸，调整扭曲的钢筋；检查各号钢筋的位置并对齐。绑好不合格的拆开重绑。

22. 焊接骨架焊缝开裂，骨架外形变形

原因：焊条选用不当与钢筋牌号不匹配；长骨架预留拱度不适合；焊接顺序不当引起的焊接变形过大。

措施：检查所焊钢筋应需要的焊条牌号，更换焊条；调整胎具上骨架焊接预留拱度；调整各焊口焊接顺序。对焊口开裂和变形较大不宜使用的骨架，因焊条不当的，割开焊口，用氧气炔焰吹去原铁水，重新更换焊条后焊接。对焊接变形较大的割开焊口调整后重焊。

23. 阳台塌落

原因：由于对受拉钢筋位置不甚了解，对其上、下保护层厚度颠倒，或虽明白其受力状态，但保护层垫块不牢或密度不足造成浇捣混凝土时钢筋网片下沉。

措施：在绑扎这种结构钢筋时，提醒操作者注意，并对保护层垫块加固加密，浇捣混凝土时亦应注意操作。对于事先发现的应砸掉重做，以免造成更大损失。

24. 预埋筋移位

在建筑施工中柱子外伸筋移位、桥梁接柱钢筋移位及桥面系预埋钢筋移位是经常出现的。

原因：绑扎时定位绑扎不牢；泵送混凝土冲击力过大；浇筑时振动器或其他方面碰撞。

措施：绑扎时增加定位筋，或对较高柱子采用与承台筋或其他筋焊接牢固的方法；浇筑混凝土时由专人负责检查复位。

对浇筑时无法恢复的钢筋位置，在混凝土初凝后及时放线，凿除部分混凝土复位；对较大尺寸的位移，则需与设计共同采用其他方法解决。

25. 露筋

原因：由于钢筋在加工成型中尺寸不符合要求，垫块松动脱落致使在混凝土浇筑过程中露筋。

措施：加强对保护层垫块的检查，振捣工注意配合。

对于表层露筋小面积的用水泥砂浆及时抹平即可；大面积、大体积的则应将周围松散的混凝土凿除清理干净后及时用混凝土（同标号）补上。

4.7　钢筋工工种实训操作题

4.7.1　实训的教学目的与基本要求

本钢筋工工种施工实训在第五学期进行，是在学生已经学习了"建筑材料""建筑结构""建筑力学""建筑测量""建筑施工技术"等课程后进行的生产性实训。目的是让学生通过现场施工操作，获得一定施工技术的实践知识和生产技能操作体验，提高学生的动手能力和培养、巩固、加深、扩大所学的专业理论知识，为毕业实习、就业顶岗打下必要的基础。

学生可以先熟悉施工图纸、工程规范、施工质量检验评定标准，了解施工方案的工艺流程、施工方法和技术要求，以逐步适应工作的要求。

4.7.2　实训任务

本钢筋工工种施工实训的内容是钢筋混凝土梁平面图识读、施工准备、配料计算、构件制作与绑扎、构件验收等，如图 4-47 所示，构件的选择由指导老师指定，并在制作加工时考虑实训现场情况。

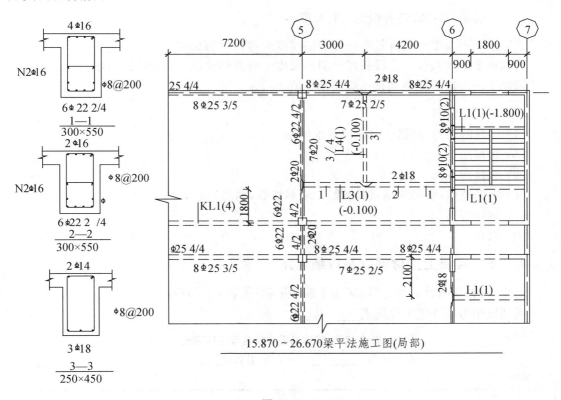

图 4-47

4.7.3　实训工具和材料准备

1. 实训工具

（1）钢筋切断机；

（2）钢筋弯曲机；

（3）卷扬机、调直机；

（4）操作台、钢筋钩子；

（5）钢筋扳子、钢筋剪子；

（6）绑扎架、钢丝刷子；

（7）粉笔、墨斗、钢卷尺。

2. 实训材料

（1）盘圆：直径 8 mm，数量根据实训内容确定；

（2）受力钢筋：数量以及规格型号根据实训内容确定；

（3）扎丝：实训室常备。

4.7.4　实训步骤

（1）根据构件配筋图，绘制各种形状和规格的单根钢筋简图并加以编号，标出各种钢筋的数量。

（2）根据简图，计算各种钢筋下料长度：

直钢筋下料长度＝构件长度－保护层厚度＋弯钩增加长度；

弯起钢筋下料长度＝直段长度＋斜料长度－弯曲调整值＋弯钩增加长度；

箍筋下料长度＝箍筋周长＋箍筋调整值。

（3）填写配料表。

（4）钢筋的品种、规格应按设计要求使用。

（5）材料准备。

（6）机具准备。

（7）钢筋制作：钢筋除锈，钢筋调直，钢筋切断，钢筋弯曲成型。

（8）钢筋绑扎。

（9）检查。

4.7.5　实训上交材料以及成绩评定

上交材料：梁构件成品、实训成绩考核评定表（见表 4－20）等。

实训成绩考核评定表见附表。

表 4－20　钢筋工操作技能考核评定表

分组组号＿＿＿＿＿＿　　　分组名单＿＿＿＿＿＿

成绩：

序号	考核内容	考核要点	配分	评分标准	检测结果	扣分	得分
1	配料单的编制	绘制钢筋式样	9	钢筋样式不对各扣 3 分			
		计算下料长度、根数，填写钢筋配料单	15	钢筋根数标注不对各扣 2 分；尺寸不对各扣 3 分			
		受力筋	5				
		架立筋	5				
		箍筋	5				
2	钢筋下料	下料长度	15	误差±5 mm，超过不得分			
		受力筋	5	误差±5 mm，超过不得分			
		架立筋	5	误差±5 mm，超过不得分			
		箍筋	5	误差±5 mm，超过不得分			

续表

序号	考核内容	考核要点	配分	评分标准	检测结果	扣分	得分
3	钢筋制作	钢筋制作尺寸偏差		误差±5 mm,超过不得分			
		受力筋	5	误差±5 mm,超过不得分			
		架立筋	6	误差±5 mm,超过不得分			
		箍筋	5	误差±5 mm,超过不得分			
		钢筋制作角度偏差		误差±5 mm,超过不得分			
		架立筋	5	基本准确			
		箍筋	5	误差±5 mm,超过不得分			
		箍筋制作平整度偏差	5	误差±5 mm,超过不得分			
4	钢筋绑扎	钢筋相对位置	5	平整			
		钢筋位置布置	5	误差±5 mm,超过不得分			
		钢筋绑扎方法	5	准确			
		绑扎牢固	5	顺序合理			
5	其他	安全文明生产	10	牢固、不松动			
6	定额	操作时间		设备、工具复位,试件、场地清理干净,有一处不合要求扣2分			
	合计		100				

评分人：　　　　　年　月　日

课后思考题

1. 简述钢筋配料单的编制步骤。
2. 室内正常环境属于几类环境?
3. 怎样确定钢筋的锚固长度?
4. 什么是弯曲调整值? 30°,45°,60°弯钩的弯曲调整值分别是多少?
5. 钢筋代换的原则有哪几条?
6. 钢筋绑扎应做好哪些准备工作?
7. 哪些情况不得采用绑扎连接?
8. 钢筋绑扎安装完毕后,应检查哪些内容?
9. 简述独立柱基础的钢筋绑扎顺序。
10. 简述钢筋网的绑扎操作要点。
11. 箍筋转角与主筋交点如何绑扎?
12. 有抗震要求的柱子,箍筋弯钩应弯成多少度? 平直部分长度不小于多少?
13. 受力钢筋接头位置和接头数量有什么规定?

项目 5　砌筑工工种实训

项目重点

本章重点介绍了砌筑工程常用材料、砌筑工具与设备、砖砌体的组砌方式和砌筑基本操作方法、砌体的质量技术要求和保证措施、常见的质量问题及其防治措施等。砌筑工工种操作训练以实际应用为主,重在培养学生的实际操作能力。目的是让学生通过模拟现场施工操作,获得一定的施工技术的实践知识和生产技能操作体验。学生通过具体的现场砌筑操作训练,可获得一定的生产技能和施工方面的实际知识,提高自身的动手能力,培养、巩固、加深、扩大所学的专业理论知识,为毕业实习、工作打下必要的基础。

5.1　砌筑工基础知识

砌筑工是使用手工工具或机械,利用砂浆或其他黏合材料,按建筑物、构筑物设计技术规范要求,将砖、石、砌块,砌铺成各种形状的砌体和屋面铺、挂瓦的建筑工程施工人员。

砖砌体在我国有悠久历史,它取材容易,造价低,施工简单,目前在中小城市、农村仍为建筑施工中的主要工种工程之一。其缺点是自重大,劳动强度高,生产效率低,且烧砖多占用大量农田,因此砌体改革的步伐必须加快,重点是必须改变大规模使用黏土烧结砖的状况。砌体改革应从改革传统烧结黏土砖入手。

砌体结构材料的发展方向是高强、轻质、大块、节能、利废、经济。由此,我国建材工业积极发展,开发了较多的新型砌体材料,并在应用中取得了一定的经济效益和社会效益。

另外,实现建筑工业化,形成各种新的建筑体系,是墙体改革的根本途径,也是砌筑工程向新技术、新工艺方向发展的必由之路。

5.2　砌筑工程常用材料、工具与设备

砌体工程所用的材料应有产品的合格证书、产品性能检测报告。块材、水泥、钢筋、外加剂等应具有材料主要性能的进场复验报告。严禁使用国家明令淘汰的材料。

5.2.1　砖

常见的砖的品种有烧结普通砖、烧结多孔砖、蒸压灰砂砖、粉煤灰砖、砌块等。

1. 烧结砖

强度等级:MU30,MU25,MU20,MU15,MU10。

(1) 烧结普通砖:包括烧结黏土砖、页岩砖、煤矸石砖和粉煤灰砖,其外观尺寸为 240 mm×115 mm×53 mm。

(2) 烧结多孔砖:以黏土、页岩、煤矸石为主要原料经焙烧而成,孔洞率不小于 15%,孔形为圆孔或非圆孔,孔的尺寸小而数量多,主要适用于承重部位的砖,简称多孔砖。目前多孔砖分为 P 型砖和 M 型砖。

外形尺寸为 240 mm×115 mm×90 mm 的砖简称 P 型砖。

外形尺寸为 190 mm×190 mm×90 mm 的砖简称 M 型砖。

2. 非烧结类砖

包括蒸压灰砂砖、蒸压粉煤灰砖。

砖的强度等级:通常是以其抗压强度为主要标准来确定的,同时也应具有一定的抗折强度。

砖的外观要求:尺寸准确、边角整齐,无掉角、缺棱、裂纹和翘曲等严重现象。

3. 砌块

砌块高度 380～940 mm 的称为中型砌块,砌块高度小于 380 mm 的称为小型砌块。

(1) 混凝土空心砌块

混凝土空心砌块包括普通混凝土和轻骨料(火山渣、浮石、陶粒)混凝土两类,空心率在 25%～50%,主规格尺寸为 390 mm×190 mm×190 mm。

(2) 加气混凝土块

规格:长度(mm)600;高度(mm)200,250,300;厚度(mm)100,150,200,250。

技术性能:密度分为 500 kg/m³,600 kg/m³,700 kg/m³ 三个级别。

(3) 中型砌块

长度(mm):1180,880,580,430;

高度(mm):380;

宽度(mm):240,200,190,180。

强度等级 MU10 和 MU15。

砖的品种、强度等级必须符合设计要求,并有出厂合格证、试验单。用于清水墙、柱表面的砖,应边角整齐,色泽均匀。

有冻胀环境和条件的地区,地面以下或防潮层以下的砌体,不宜采用多孔砖。

5.2.2　水泥

水泥:品种及标号应根据砌体部位及所处环境条件选择,一般宜采用 325 号普通硅酸盐水泥或矿渣硅酸盐水泥。

水泥进场使用前,应分批对其强度、安定性进行复验。检验批应以同一生产厂家、同一编号为一批。

当在使用中对水泥质量有怀疑或水泥出厂超过三个月(快硬硅酸盐水泥超过一个月)时,应复查试验,并按其结果使用。

由于各种水泥成分不一,不同水泥混合使用后往往会发生材性变化或强度降低现象,引起工程质量问题,故规定不同品种的水泥不得混合使用。

5.2.3　砂

砂用中砂,配制 M5 以下砂浆所用砂的含泥量不超过 10%,M5 及以上砂浆的砂含泥量不超过 5%,使用前用 5 mm 孔径的筛子过筛。

砂浆用砂不得含有有害杂物。砂浆用砂的含泥量应满足下列要求:

(1) 对水泥砂浆和强度等级不小于 M5 的水泥混合砂浆,不应超过 5%;

(2) 对强度等级小于 M5 的水泥混合砂浆,不应超过 10%;

(3) 人工砂、山砂及特细砂,应经试配能满足砌筑砂浆技术条件要求。

说明:砂中含泥量过大,不但会增加砌筑砂浆的水泥用量,还可能使砂浆的收缩值增大,耐久性降低,影响砌体质量。对于水泥砂浆,事实上已成为水泥黏土砂浆,但又与一般使用黏土膏配制的水泥黏土砂浆在其性质上有一定差异,难以满足某些条件下的使用要求。M5以上的水泥混合砂浆,如砂子含泥量过高,有可能导致塑化剂掺量过多,造成砂浆强度降低。因而对砂子中的含泥量做了相应的规定。

对人工砂、山砂及特细砂,其中的含泥量一般较大,如按上述规定执行,则一些地区施工用砂要外地运取,不仅影响施工,又增加工程成本,故规定经试配能满足砌筑砂浆技术条件时,含泥量可适当放宽。

5.2.4　砂浆

1. 砂浆的概念

由胶结料、细集料、掺加料和水配制而成的建筑工程材料。在建筑工程中起黏结、衬垫和传递应力的作用。包括:

(1) 水泥砂浆:由水泥、细集料和水配制成的砂浆。

(2) 水泥混合砂浆:由水泥、细集料、掺加料和水配制成的砂浆。

(3) 掺加料:为改善砂浆和易性而加入的无机材料,例如石灰膏、电石膏、粉煤灰、黏土膏等。

砂浆强度等级:M2.5,M5,M7.5,M10,M15,M20,共六个等级。质量指标:稠度、分层度、强度。

(2) 砂浆的配合比

施工配合比没有特别说明,各组分材料应采用重量计量。

砂浆材料配合比不准确,是砂浆达不到设计强度等级和砂浆强度离散性大的主要原因。按体积计量,水泥因操作方法不同,其密度变化范围为 $980 \sim 1200 \ kg/m^3$;砂因含水量不同,其密度变化幅度可达 20% 以上。甘肃省第五建筑公司曾在试验室对砂浆采用重量计量和体积计量的强度进行过对比试验,其强度变异系数分别为 $0.86\% \sim 15.8\%$ 和 $2.51\% \sim 27.9\%$。如在施工现场,这种差异将更大。因此,砂浆现场拌制时,各组分材料应用重量计量,以确保砂浆的强度和均匀性。

砌筑砂浆应通过试配确定配合比。当砌筑砂浆的组成材料有变更时,其配合比应重新确定。

砌筑砂浆通过试配确定配合比,是使施工中砂浆达到设计强度等级和减少砂浆强度离散性大的重要保证。

3. 砂浆的搅拌以及使用时间

砌筑砂浆应采用机械搅拌,自投料完算起,搅拌时间应符合下列规定:

(1) 水泥砂浆和水泥混合砂浆不得小于 2 min;

(2) 水泥粉煤灰砂浆和掺用外加剂的砂浆不得少于 3 min;

(3) 掺用有机塑化剂的砂浆,应为 3~5 min。

为了降低劳动强度和克服人工拌制砂浆不易搅拌均匀的缺点,规定砂浆应采用机械搅拌。同时,为使物料充分拌合,保证砂浆拌合质量,对不同砂浆品种分别规定了搅拌时间的要求。

砂浆应随拌随用,水泥砂浆和水泥混合砂浆应分别在 3 h 和 4 h 内使用完毕;当施工期间最高气温超过 30℃ 时,应分别在拌成后 2 h 和 3 h 内使用完毕。对掺用缓凝剂的砂浆,其使用时间可根据具体情况延长。

4. 砂浆的检验

以 28 天养护龄期试块试压结果判断(试模 70.7 mm×70.7 mm×70.7 mm),用直径 10 mm、长 350 mm 钢捣棒(螺旋方向 25 下,砂浆高出 6~8 mm);无底试模下铺砖和纸每一楼层或 250 m 砌体中制作一组试块(一组 6 块),不同标号的砂浆要求分别制作试块。

砌筑砂浆试块强度验收时其强度合格标准必须符合以下规定:

同一验收批砂浆试块抗压强度平均值必须大于或等于设计强度等级所对应的立方体抗压强度;同一验收批砂浆试块抗压强度中的最小一组平均值必须大于或等于设计强度等级所对应的立方体抗压强度的 0.75 倍。

(1) 砌筑砂浆的验收批,同一类型、强度等级的砂浆试块应不少于 3 组。当同一验收批只有一组试块时,该组试块抗压强度的平均值必须大于或等于设计强度等级所对应的立方体抗压强度。

(2) 砂浆强度应以标准养护、龄期为 28 d 的试块抗压试验结果为准。

抽检数量:每一检验批且不超过 250 m³ 砌体的各种类型及强度等级的砌筑砂浆,每台搅拌应至少抽检一次。

检验方法:在砂浆搅拌机出料口随机取样制作砂浆试块(同盘砂浆只应制作一组试块),最后检查试块强度试验报告单。

《砌体结构设计规范》(GB 50003—2011)中砂浆强度等级是按试块的抗压强度平均值定义的,并在此基础上考虑砂浆抗压强度降低 25% 的条件下确定砌体强度。且《建筑工程施工质量验收统一标准》(GB 50300—2013)对此评定条件已应用多年,实践证明满足结构可靠性的要求,故本教材采用该规范以往的方法来评定砂浆强度的施工质量。

当施工中或验收时出现下列情况时,可采用现场检验方法对砂浆和砌体强度进行原位检测或取样检测,并判定其强度:

(1) 砂浆试块缺乏代表性或试块数量不足;

(2) 对砂浆试块的试验结果有怀疑或有争议;

(3) 砂浆试块的试验结果不能满足设计要求。

5.2.5 砌体工程用材料其他说明

(1) 配制水泥石灰砂浆时,不得采用脱水硬化的石灰膏。

（2）消石灰粉不得直接使用于砌筑砂浆中。

说明：（1）—（2）中的脱水硬化的石灰膏和消石灰粉不能起塑化作用并影响砂浆强度，故不应使用。

（3）拌制砂粉用水，水质应符合国家现行标准《混凝土用水标准》（JGJ 63—2006）的规定。

考虑到目前水源污染比较普遍，当水中含有有害物质时，将会影响水泥的正常凝结，并可能对钢筋产生锈蚀作用。因此，本条对拌制砂浆用水作出了规定。

（4）施工中采用水泥砂浆代替水泥混合砂浆时，应重新确定砂浆强度等级。

《砌体结构设计规范》（GB 50003—2011）第 3.2.3 条规定，当砌体用水泥砂浆砌筑时，砌体抗压强度值应对各类砌体在规范规定中的抗压强度设计值乘以 0.9 的调整系数；砌体轴心抗拉、弯曲抗拉、抗剪强度设计值应对各类砌体在规范规定中的相应值乘以 0.8 的调整系数。

（5）凡在砂浆中掺入有机塑化剂、早强剂、缓凝剂、防冻剂等，应经检验和试配符合要求后，方可使用。有机塑化剂应有砌体强度的型式检验报告。

目前，在砂浆中掺用的有机塑化剂、早强剂、缓凝剂、防冻剂等产品很多，但同种产品的性能存在差异，为保证施工质量，应对这些外加剂进行检验和试配符合要求后再使用。对有机塑化剂，尚应有针对砌体强度的型式检验，根据其结果确定砌体强度。例如，对微沫剂替代石灰膏制作水泥混合砂浆，砌体抗压强度较同强度等级的混合砂浆砌筑的砌体的抗压强度降低 10%；而砌体的抗剪强度无不良影响。

（6）掺合料：生石灰熟化成石灰膏时，应用孔径不大于 3 mm×3 mm 的网过滤，熟化时间不得少于 7 d；磨细生石灰粉的熟化时间不得小于 2 d。沉淀池中贮存的石灰膏，应采取防止干燥、冻结和污染的措施。

（7）其他材料：墙体拉结筋及预埋件、木砖应按要求刷防腐剂等。

5.2.6 砌筑工具与设备

砌筑工程主要工具有大铲、刨锛、瓦刀、扁子、托线板、线坠、小白线、卷尺、铁水平尺、皮数杆、小水桶、灰槽、砖灰子、扫帚、手推车、磅秤、砖笼、筛子、百格网、砂浆稠度仪等。

砌筑用机械设备主要有搅拌机械、垂直运输机械等。

1. 搅拌机械

（1）砂浆搅拌机：砂浆搅拌机是砌筑工程中的常用机械，用来制备砌筑和抹灰用的砂浆。常用规格是 0.2 m^3 和 0.325 m^3，台班产量为 18～26 m^3。目前常用的砂浆搅拌机有倾翻出料式和活门式等。

（2）混凝土搅拌机：混凝土搅拌机也是砌筑工程中常用的机械，用来制作混凝土或砂浆，混凝土搅拌机按搅拌原理可分为自落式和强制式两类。

（3）混凝土振捣器：混凝土振捣器是一种使混凝土密实的机械设备，按其对混凝土的作用方式不同，可分为插入式内部振捣器、附着式外部振捣器、平板式表面振捣器和振动平台等。

2. 垂直运输机械

（1）井架：多层建筑施工常用的垂直运输设备，俗称绞车架。一般用钢管、型钢支设，并配置吊篮或料斗、天梁、卷扬机,形成垂直运输系统。井架基础一般要埋在一定厚度的混凝土底板内,底板中预埋螺栓,与井架底盘连接固定,井架的顶端、中部应按规定设置数道缆风绳以保证井架的稳定。

(2)龙门架:由两根立杆和横梁构成,立杆由角钢或钢管组成,配上吊篮用于材料的垂直运输。由于龙门架的吊篮突出在立杆以外,所以要求吊篮周围必须设有护身栏,同时在立管上制作悬臂角钢支架,配上滚杠,作为吊篮到达使用层临时搁放的安全装置。

(3)卷扬机:卷扬机是升降井架和龙门架上吊篮的动力装置。卷扬机按其运转速度可分为快速和慢速两种,快速卷扬机又可分为单筒和双筒两种,快速卷扬机钢丝绳的牵引速度为 25～50 m/min;慢速卷扬机为单筒式,钢丝绳的牵引速度为 7～13 m/min 。

(4)附壁式升降机:又叫附墙外用电梯,由垂直井架和导轨式外用笼式电梯组成,用于高层建筑的施工。该设备除载运工具和物料外,还可乘人上下,架设安装比较方便,操作简单,使用安全。

(5)塔式起重机:塔式起重机俗称塔吊,是由竖直塔身、起重臂、平衡臂、基座、平衡座、卷扬机及电气设备组成的较庞大的机器。由于它能回转 360°,且有较高的起重高度,能形成一个很大的工作空间,是垂直运输机械中工作效能较好的设备。塔式起重机有固定式和行走式两类。

5.3 砖砌体的组砌方式和砌筑基本操作步骤

5.3.1 砖砌体的组砌方式

砌体一般采用一顺一丁(满丁、满条)、梅花丁或三顺一丁砌法,如图 5-1 所示。砖柱不得采用先砌四周后填心的包心砌法。

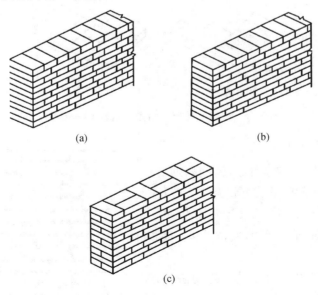

(a)   (b)

(c)

图 5-1

1．"一顺一丁"砌法

（1）一皮全部顺砖，一皮全部丁砖，间隔砌筑。

（2）上、下皮竖缝相互错开 1/4 砖长。

（3）砌筑效率高（砌法简单），整体性好。

（4）工程中常用七分头砖（约 180 mm，就是砍掉砖的 3/10），来调整砖的搭接位置（图5-2～图5-5）。

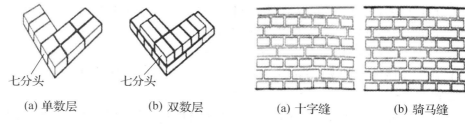

（a）单数层   （b）双数层   （a）十字缝   （b）骑马缝

图5-2　一顺一丁墙大角砌法示意图（一砖墙）　　图5-3　一顺一丁砌法示意图

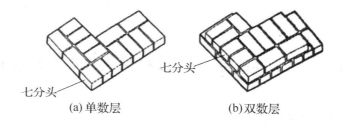

（a）单数层   （b）双数层

图5-4　一顺一丁墙大角砌法示意图（一砖墙）

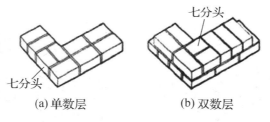

（a）单数层   （b）双数层

图5-5　一顺一丁墙大角砌法示意图（一砖墙）

2．"三顺一丁"砌法

（1）三皮全顺砖，一皮全部丁砖，间隔砌筑。

（2）上、下皮顺砖间竖缝相互错开 1/2 砖长，上、下皮顺砖与丁砖间竖缝相互错开 1/4 砖长。

（3）砌筑效率高，适合于砌筑一砖和一砖以上的墙厚。

（4）适合一砖半以上的墙体，此砌法外墙美观，砌筑快，整体性较差（图5-6）。

图5-6　三顺一丁砌法示意图

3. 梅花丁砌法

（1）每皮中丁砖与顺砖隔砌（同一皮砖中丁砖与顺砖间隔砌筑）。

（2）上皮丁砖坐中于下皮顺砖，上、下皮间竖缝相互错开 1/4 砖长。

（3）梅花丁砌筑法砖缝整齐、美观，适合清水外墙，因丁顺交替，功效低于一顺一丁（图 5-7）。

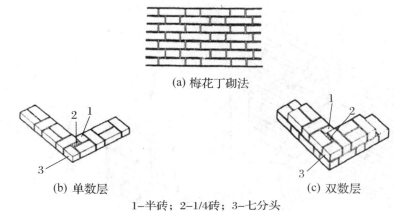

(a) 梅花丁砌法

(b) 单数层　　　　　　　　　　　　　(c) 双数层

1-半砖；2-1/4 砖；3-七分头

图 5-7　梅花丁和大角砌法示意图

5.3.2　砌体的组砌原则

（1）砌体必须错缝：砖砌体是将砖利用砂浆填缝和黏结砌成墙体或柱。为保证整体性，砖必须错缝搭接（图 5-8），咬合严密，使外力分散传递，如不错缝搭接，砌体会被破坏（图 5-9）。咬缝不得小于砌块长度的四分之一。

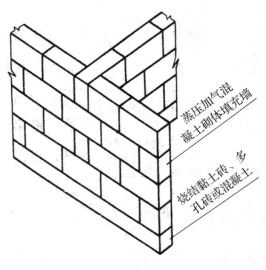

图 5-8　错缝搭接

图 5-9　未错缝搭接

（2）控制水平灰缝厚度：砌体灰缝一般规定为 8～12 mm，以 10 mm 为宜。

（3）墙体之间要接连接。

（4）墙体连接的接搓：墙体与墙体之间的连接要牢固，才能保证房屋墙体整体性。两道相接的墙体不能同时砌筑时，应在先砌的墙上留出搓，也叫作留栏。后砌的墙体，要镶入接内，也叫作咬磋（图 5 - 12）。留磋有直磋（图 5 - 10）与斜搓（图 5 - 11）。

（5）砌体中砖位置的名称，如图 5 - 13 所示。

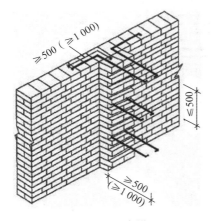

图 5 - 10　直搓

图 5 - 11　斜搓

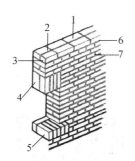

1—顺砖；2—花槽；3—丁砖；4—立砖；
5—陡砖；6—水平灰缝；7—竖直灰缝

图 5 - 12　咬搓

图 5 - 13　中砖位置名称

5.3.3　砌体的砌筑方法

砖砌体的砌筑方法主要有"三一"砌砖法、挤浆法、刮浆法、满口灰法。

1. "三一"砌筑法

（1）施工方法：一块砖、一铲灰、一揉压，并随手将挤出的砂浆刮去的砌筑方法。（图 5 - 14—图 5 - 17）

① 弯腰用右手工具勾起侧码砖的丁面（拿砖时，看好下一块砖，确定目标提高工效）。

② 右手铲灰，左手拿起砖（同时工作，减少弯腰次数，降低劳动强度）。

③ 起身转身，右手灰，左手砖。

④ 铺灰,左手持砖,右手铺灰(铲上的灰拉长,均匀落在操作面上)。

⑤ 左手挤压,右手刮挤出的灰(左手砖在已砌好的砖 30~40 mm 处平放揉一揉)。

⑥ 将右手刮下的余灰甩人竖缝(右手用大铲把挤出墙面的灰刮起)。

 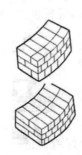 

图 5‑14 全顺砌法示意图   图 5‑15 全丁砌法示意图

 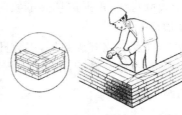

（a）180厚墙   （b）300厚墙

图 5‑16 二平一侧砌法示意图

图 5‑17 砌砖的基本

（2）优点:随砌随铺,随即挤揉,灰缝容易饱满,黏结力好,同时在挤砌时随手刮去挤出墙面的砂浆,使墙面保持整洁。所以,砌筑实心砖砌体宜采用"三一"砌筑法。

2. 挤浆法

（1）施工方法:用灰勺、大铲或铺灰器在墙顶上铺一段砂浆,然后双手拿砖或单手拿砖,用砖挤入砂浆中一定厚度之后把砖放平,达到下齐边、上齐线、横平竖直的要求。

(2)挤浆法的优点是可以连续挤砌几块砖,减少繁琐的动作;平推平挤可使灰缝饱满;效率高;保证砌筑质量。

(3)刮浆法:用瓦刀铲起砂浆刮在砖上,对准位置砌砖,其效率较低,一般仅用于砖拱、窗台等处。

(4)满口灰法:就是铺浆法,注意铺浆长度不能超过 750 mm,温度超过 30 度时长度不能超过 500 mm。

5.3.4　砌体的基本操作步骤

砌筑基本操作步骤可以分为以下几个阶段:

1. 做好技术交底

(1)完成室外及房心回填土,安装好沟盖板。

(2)办完地基、基础工程隐检手续。

(3)按标高抹好水泥砂浆防潮层。

(4)弹好轴线墙身线,根据进场砖的实际规格尺寸,弹出门窗洞口位置线,经验线符合设计要求,办完预检手续。

(5)按设计标高要求立好皮数杆,皮数杆的间距以 15～20 m 为宜。

(6)砂浆由试验室做好试配,准备好砂浆试模(6 块为一组)。

2. 材料准备

(1)砖的准备

砖的品种、强度、外形、色泽要符合要求。砖要求湿润,在砌砖的前一天或半天将砖堆浇水湿润,过湿或过干会影响砂浆的密实性强度和黏结力。

砖砌筑前浇水是砖砌体施工工艺的一个部分,砖的湿润程度对砌体的施工质量影响较大。对比试验证明,适宜的含水率不仅可以提高砖与砂浆之间的黏结力,提高砌体的抗剪强度,也可以使砂浆强度保持正常增长,提高砌体的抗压强度。同时,适宜的含水率还可以使砂浆在操作面上保持一定的摊铺流动性能,便于施工操作,有利于保证砂浆的饱满度。这些对确保砌体施工质量和力学性能都是十分有利的。

适宜含水率的数值是根据有关科研单位的对比试验和施工企业的实验提出的,对烧结普通砖、多孔砖,含水率宜为 10％～15％;对灰砂砖、粉煤灰砖,含水率宜为 8％～12％。现场检验砖含水率的简易方法是断砖法,当砖截面四周融水深度为 15～20 mm 时,视为符合要求的适宜含水率。

(2)砂浆的准备:主要是做好配制砌筑砂浆的材料准备和砂浆的拌制准备。砂浆配合比应采用重量比,计量精度水泥为 ±2％,砂、灰膏控制在 ±5％ 以内。宜用机械搅拌,搅拌时间不少于 1.5 min。

(3)施工机具的准备

垂直、水平运输机械进场安装、调试工作,砂浆搅拌机、脚手架、砌筑工具等的准备。

3. 抄平放线

(1)抄平:在防潮层或基础圈梁和各层楼面上控制水平。

（2）放线：在防潮层或基础圈梁面放出轴线和墙身线，并分出门洞口位置线；二楼以上用经纬仪或测量仪器引测同样放出相应墨线。

4. 摆砖

摆砖的具体要求有：

（1）按选定的组砌方式试摆干砖。

（2）调整灰缝，使洞窗口的墙垛等符合砖的模数。

（3）使砖缝均匀，组砌得当。

5. 选砖排砖撂底

选砖：砌清水墙应选择棱角整齐，无弯曲、裂纹，颜色均匀，规格基本一致的砖。敲击时声音响亮，焙烧过火变色，变形的砖可用在基础及不影响外观的内墙上。

排砖撂底：一般外墙第一层砖撂底时，两山墙排丁砖，前后檐纵墙排条砖。根据弹好的门窗洞口位置线，认真核对窗间墙、垛尺寸，其长度是否符合排砖模数，如不符合模数时，可将门窗口的位置左右移动。若有破活，七分头或丁砖应排在窗口中间，附墙垛或其他不明显的部位。移动门窗口位置时，应注意暖卫立管安装及门窗开启时不受影响。另外，在排砖时还要考虑在门窗口中边的砖墙合拢时也不出现破活。所以排砖时必须做全盘考虑，前后檐墙排第一皮砖时，要考虑甩窗口后砌条砖，窗角上必须是七分头才是好活。

6. 盘角、立皮数杆

盘角：砌砖前应先盘角，每次盘角不要超过五层，新盘的大角，及时进行吊、靠。如有偏差要及时修整。盘角时要仔细对照皮数杆的砖层和标高，控制好灰缝大小，使水平灰缝均匀一致。大角盘好后再复查一次，平整和垂直完全符合要求后，再挂线砌墙。

7. 挂通线砌墙身

挂线：砌筑一砖半墙必须双面挂线，如果长墙几个人均使用一根通线，中间应设几个支线点，小线要拉紧，每层砖都要穿线看平，使水平缝均匀一致，平直通顺；砌一砖厚混水墙时宜采用外手挂线，可照顾砖墙两面平整，为下道工序控制抹灰厚度奠定基础。

砌砖：砌砖宜采用一铲灰、一块砖、一挤揉的"三一"砌砖法，即满铺、满挤操作法。砌砖时砖要放平。里手高，墙面就要张；里手低，墙面就要背。砌砖一定要跟线，"上跟线，下跟棱，左右相邻要对平"。水平灰缝厚度和竖向灰缝宽度一般为 10 mm，但不应小于 8 mm，也不应大于 12 mm。为保证清水墙面主缝垂直，不游丁走缝，当砌完一步架高时，宜每隔 2 m水平间距，在丁砖立楞位置弹两道垂直立线，可以分段控制游丁走缝。在操作过程中，要认真进行自检，如出现偏差，应随时纠正，严禁事后砸墙。清水墙不允许有三分头，不得在上部任意变活、乱缝。砌筑砂浆应随搅拌随使用，一般水泥砂浆必须在 3 h 内用完，水泥混合砂浆必须在 4 h 内用完，不得使用过夜砂浆。砌清水墙应随砌、随划缝，划缝深度为 8～10 mm，深浅一致，墙面清扫干净。混水墙应随砌随将舌头灰刮尽。

8. 留槎

外墙转角处应同时砌筑。内外墙交接处必须留斜槎，槎子长度不应小于墙体高度的2/3，槎子必须平直、通顺。分段位置应在变形缝或门窗口角处，隔墙与墙或柱不同时砌筑时,可留阳槎加预埋拉结筋。沿墙高按设计要求每 50 cm 预埋 Φ6 钢筋 2 根,其埋入长度从墙的留槎处算起,一般每边均不小于 50 cm,末端应加 90°弯钩。施工洞口也应按以上要求留水平拉结筋。隔墙顶应用立砖斜砌挤紧。如图 5-18 所示。

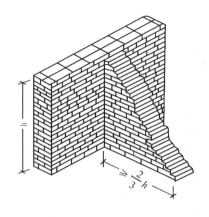 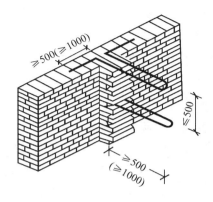

图 5-18

9. 木砖预留孔洞和墙体拉结筋

木砖预理时应小头在外,大头在内,数量按洞口高度决定。洞口高在 1.2 m 以内,每边放 2 块;高 1.2～2 m,每边放 3 块;高 2～3 m,每边放 4 块。预埋木砖的部位一般在洞口上边或下边四皮砖,中间均匀分布。木砖要提前做好防腐处理。钢门窗安装的预留孔,硬架支模、暖卫管道,均应按设计要求预留,不得事后剔凿。墙体拉结筋的位置、规格、数量、间距均应按设计要求留置,不应错放、漏放。

10. 安装过梁、梁垫

安装过梁、梁垫时,其标高、位置及型号必须准确,坐灰饱满。如坐灰厚度超过 2 cm,要用豆石混凝土铺垫,过梁安装时,两端支承点的长度应一致。

11. 构造柱做法

凡设有构造柱的工程,在砌砖前,先根据设计图纸将构造柱位置进行弹线,并把构造柱插筋处理顺直。砌砖墙时,与构造柱连接处砌成马牙槎。每一个马牙槎沿高度方向的尺寸不宜超过 30 cm(即五皮砖)。马牙槎应先退后进。拉结筋按设计要求放置,设计无要求时,一般沿墙高 50 cm 设置 2 根 Φ6 水平拉结筋,每边深入墙内不应小于 1 m。

12. 丁砖压顶

13. 清理场地

14. 冬期施工

在预计连续 10 d 日平均气温低于 +5℃ 或当日最低温度低于 -3℃ 时即进入冬期施工。冬期使用的砖,要求在砌筑前清除冰霜。水泥宜用普通硅酸盐水泥,灰膏要防冻,如已受冻要融化后方能使用。砂中不得含有大于 1 cm 的冻块,材料加热时,水加热不超过 80℃,砂加热不超过 40℃。砖正温度时适当浇水,负温即应停止。可适当增大砂浆稠度。冬期不应使用无水泥的砂浆。砂浆中掺盐时,应用波美比重计检查盐溶液浓度。但对绝缘、保温或装饰有特殊要求的工程不得掺盐,砂浆使用温度不应低于 +5℃,掺盐量应符合冬施方案的规定。采用掺盐砂浆砌筑时,砌体中的钢筋应预先做防腐处理,一般涂防锈漆两道。

5.4　砌体的质量技术要求

砖砌体总质量要求是横平竖直,砂浆饱满,上下错缝,内外搭接。

5.4.1　砌体的质量技术基本要求

(1)砌体工程所用的材料应有产品的合格证书、产品性能检测报告。块材、水泥、钢筋、外加剂等尚应有材料的主要性能的进场复验报告。严禁使用国家明令淘汰的材料。

(2)砌筑基础前,应校核放线尺寸,允许偏差应符合表 5-1 的规定。

表 5-1

长度 L、宽度 B/m	允许偏差/mm	长度 L、宽度 B/m	允许偏差/mm
L(或 B)≤30	±5	60<L(或 B)≤90	±5
30<L(或 B)≤60	±10	L(或 B)>90	±20

说明:基础砌筑放线是确定建筑平面的基础工作,砌筑基础前校核放线尺寸、控制放线精度,在建筑施工中具有重要意义。

(3)砌筑顺序应符合下列规定:

① 基底标高不同时,应从低处砌起,并应由高处向低处搭砌。当设计无要求时,搭接长度不应小于基础扩大部分的高度。

② 砌体的转角处和交接处应同时砌筑。当不能同时砌筑时,应按规定留槎、接槎。

基础高低台的合理搭接,对保证基础砌体的整体性重要。从受力角度考虑,基础扩大部分的高度与荷载、地耐力等有关。对有高低台的基础,应从低处砌起,在设计无要求时,也对高低台的搭接长度做了规定。

砌体的转角处和交接处同时砌筑可以保证墙体的整体性,从而大大提高砌体结构的抗震性能。从震害调查看到,不少多层砖混结构建筑,由于砌体的转角处和交接处接槎不良而导致外墙甩出和砌体倒塌。因此,必须重视砌体的转角处和交接处应砌筑。当不能同时砌筑时,应按规定留槎并做好接槎处理。

(4)在墙上留置临时施工洞口,其侧边离交接处墙面不应小于 500 mm,洞口净宽度不应超过 1 m。

抗震设防烈度为 9 度的地区建筑物的临时施工洞口位置,应会同设计单位确定。临时施工洞口应做好补砌。

在墙上留置临时洞口,限于施工条件,有时确实难免,但洞口位置不当或洞口过大,虽经补砌,也必会削弱墙体的整体性。

(5)不得在下列墙体或部位设置脚手眼

① 120 mm 厚墙、料石清水墙和独立柱;

② 过梁上与过梁成 60°角的三角形范围及过梁净跨度 1/2 的高度范围内;

③ 宽度小于 1 m 的窗间墙;

④ 砌体门窗洞口两侧 200 mm(石砌体为 300 mm)和转角处 450 mm(石砌体为 600 mm)范围内;

⑤ 梁或梁垫下及其左右 500 mm 范围内;

⑥ 设计不允许设置脚手眼的部位。

经补砌的脚手眼,对砌体的整体性或多或少会带来不利影响。

(6)施工脚手眼补砌时,灰缝应填满砂浆,不得用砖填塞。

脚手眼的补砌,不仅涉及砌体结构的整体性,而且还会影响建筑物的使用功能,故施工时应予注意。

(7)设计要求的洞口、管道、沟槽应于砌筑时正确留出或预埋,未经设计同意,不得打凿墙体和在墙体上开凿水平沟槽。宽度超过 300 mm 的洞口上部,应设置过梁。

建筑工程施工中,常存在各工种之间配合不好的问题。例如水电安装中应在砌体上开的洞口、埋设的管道等往往在砌好的砌体上打凿,对砌体的破坏较大。

(8)尚未施工楼板或屋面的墙或柱,当可能遇到大风时,其允许自由高度不得超过表 5-2 的规定。如超过表中限值时,必须采用临时支撑等有效措施。

表 5-2　墙和柱的允许自由高度(m)

墙(柱)厚/mm	砌体密度＞1600/(kg/m³)			砌体密度 1300～1600/(kg/m³)		
	风载/(kN/m²)			风载/(kN/m²)		
	0.3(约 7 级风)	0.4(约 8 级风)	0.5(约 9 级风)	0.3(约 7 级风)	0.4(约 8 级风)	0.5(约 9 级风)
190	—	—	—	1.4	1.1	0.7
240	2.8	2.1	1.4	2.2	1.7	1.1
370	5.2	3.9	2.6	4.2	3.2	2.1
490	8.6	6.5	4.3	7.0	5.2	3.5
620	14.0	10.5	7.0	11.4	8.6	5.7

注:1. 本表适用于施工处相对标高(H)在 10 m 范围内的情况。如 10 m＜H≤15 m,15 m＜H≤20 m 时,表中的允许自由高度应分别乘以 0.9,0.8 的系数;如 H＞20 m 时,应通过抗倾覆验算确定其允许自由高度。

　　　2. 当所砌筑的墙有横墙或其他结构与其连接,而且间距小于表列限值的 2 倍时,砌筑高度可不受本表的限制。

验算时,为偏安全计,略去了墙或柱底部砂浆与楼板(或下部墙体)间的黏结作用,只考虑墙体的自重和风荷载,进行倾覆验算。

(9)搁置预制梁、板的砌体顶面应找平,安装时应坐浆。当设计无具体要求时,应采用 1:2.5 的水泥砂浆。

说明:预制梁、板与砌体顶面接触不紧密不仅对梁、板、砌体受力不利,而且还给房顶抹灰和地面施工带来不利影响。目前施工中,搁置预制梁、板时,往往忽略了在砌体顶面找平和坐浆,致使梁、板与砌体受力不均匀;安装的预制板不平整和不平稳,而出现板缝处的裂纹,加大找平层的厚度。对此,必须加以纠正。

(10)砌体施工质量控制等级应分为三级,并应符合表 5-3 的规定。

表 5-3　砌体施工质量控制等级

项目	施工质量控制等级		
	A	B	C
现场质量管理	制度健全,并严格执行;非施工方质量监督人员经常到现场,或现场设有常驻代表;施工方有在岗专业技术管理人员,人员齐全,并持证上岗	制度基本健全,并能执行;非施工方质量监督人员间断地到现场进行质量控制;施工方有在岗专业技术管理人员,并持证上岗	有制度;非施工方质量监督人员很少到现场进行质量控制;施工方有在岗专业技术管理人员
砂浆、混凝土强度	试块按规定制作,强度满足验收规定,离散性小	试块按规定制作,强度满足验收规定,离散性较小	试块强度满足验收规定,离散性大
砂浆拌合方式	机械拌合;配合比计量控制严格	机械拌合;配合比计量控制一般	机械或人工拌合;配合比计量控制较差
砌筑工人	中级工以上,其中高级工不少于20%	高、中级工不少于70%	初级工以上

说明:由于砌体的施工存在较大量的人工操作过程,所以,砌体结构的质量也在很大程度上取决于人的因素。施工过程对砌体结构质量的影响直接表现在砌体的强度上。

关于砂浆和混凝土的施工质量,可分为"优良""一般"和"差"三个等级,强度离散性分别对应为"离散性小""离散性较小"和"离散性大",其划分情况见表 5-4。

表 5-4　砌筑砂浆质量水平

强度等级强度标准差 /MPa　　　　　质量水平	M2.5	M5	M7.5	M10	M15	M20
优良	0.5	1.00	1.50	2.00	3.00	4.00
一般	0.62	1.25	1.88	2.50	3.75	5.00
差	0.75	1.50	2.25	3.00	4.50	6.00

（11）设置在潮湿环境或有化学侵蚀性介质的环境中的砌体灰缝内的钢筋应采取防腐措施。

（12）砌体施工时,楼面和屋面堆载不得超过楼板的允许荷载值。施工层进料口楼板下,宜采取临时加撑措施。

说明:在楼面上砌筑施工时,常发现以下几种超载现象,一是集中卸料造成超载;二是抢进度或遇停电时,提前集中备料造成超载;三是采用井架或门架上料时,吊篮停置位置偏高,接料平台倾斜有坎,运料车出吊篮后对进料口房间楼面产生较大的冲击荷载。这些超载现象常使楼板底产生裂缝,严重者会导致安全事故。

（13）分项工程的验收应在检验批验收合格的基础上进行。检验批的确定可根据施工段划分。

说明:分项工程可由一个或若干检验批组成,检验批可根据施工及质量控制和专业验收需要按楼层、施工段、变形缝等进行划分。

（14）砌体工程检验批验收时,其主控项目应全部符合本规范的规定;一般项目应有

80％及以上的抽检处符合本规范的规定,或偏差值在允许偏差范围以内。

说明:在《建筑工程施工质量验收统一标准》(GB 50300—2013)中,在制定检验批抽样方案时,对生产方和使用方风险概率提出了明确的规定。结合砌体工程的实际情况,对主控项目即对建筑工程的质量起决定性作用的检验项目,应全部符合合格标准的规定,严于上述标准;而对一般项目即对建筑工程的质量,特别是涉及安全性方面的施工质量不起决定性作用的检验项目,允许有20％以内的抽查处超出验收条文合格标准的规定,较之原《建筑安装工程质量检验评定统一标准》(GBJ 300—88)中合格质量标准应有70％及其以上的实测值在允许偏差范围内的规定严,比优良质量标准90％的规定宽,这是比较合适的,体现了对一般项目既从严要求又不苛求的原则。

5.4.2　不同砌体材料的施工质量技术要求

1. 砖砌体工程

(1) 砌砖工程当采用铺浆法砌筑时,铺浆长度不得超过750 mm;施工期间气温超过30℃时,铺浆长度不得超过500 mm。

砖砌体砌筑宜随砂浆随砌浆。采用铺浆法砌筑时,铺浆长度对砌体的抗剪强度影响明显,陕西省建筑科学研究设计院的试验表明,在气温15℃时,铺浆后立即砌砖和铺浆后3 min 再砌砖,砌体的抗剪强度相差30％。施工气温高时,影响程度更大。

(2) 240 mm 厚承重墙的每层墙的最上一皮砖,砖砌体的阶台水平面上及挑出层,应整砖丁砌。

从有利于保证砌体的完整性、整体性和受力的合理性出发,强调以上所述部位应采用整砖丁砌。

(3) 砖砌平拱过梁的灰缝应砌成楔形缝。灰缝的宽度,在过梁的底面不应小于5 mm;在过梁的顶面不应大于15 mm。拱脚下面应伸入墙内不小于20 mm,拱底应有1％的起拱。

砖平拱过梁是砖砌拱体结构的一个特例,是矢高极小的一种拱体结构。从其受力特点及施工工艺考虑,必须保证拱脚下面伸入墙内的长度和拱底应有的起拱量,保持楔形灰缝形态。

(4) 砖过梁底部的模板,应在灰缝砂浆强度不低于设计强度的50％时,方可拆除。

过梁底部模板是砌筑过程中的承重结构,只有砂浆达到一定强度后,过梁部位砌体方能承受荷载作用,才能拆除底模。砂浆强度一般以实际强度为准。

(5) 多孔砖的孔洞应垂直于受压面砌筑。

多孔砖的孔洞垂直于受压面,能使砌体有较大的有效受压面积,有利于砂浆结合层进入上下砖块的孔洞产生"销键"作用,提高砌体的抗剪强度和砌体的整体性。

(6) 施工时施砌的蒸压(养)砖的产品龄期不应小于28 d。

灰砂砖、粉煤灰砖出釜后早期收缩值大,如果这时用于墙体上,将很容易出现明显的收缩裂缝。因而要求出釜后停放时间不应小于28 d,使其早期收缩值在此期间内完成大部分,这是预防墙体早期开裂的一个重要技术措施。

(7) 竖向灰缝不得出现透明缝、瞎缝和假缝。

竖向灰缝砂浆的饱满度一般对砌体的抗压强度影响不大,但是对砌体的抗剪强度影响明显。根据四川省建筑科学研究、南京新宁砖瓦厂等单位的试验结果可知,当竖缝砂浆很不饱满甚至完全无砂浆时,其砌体的抗剪强度将降低 40%～50%。此外,透明缝、瞎缝和假缝对房屋的使用功能也会产生不良影响。因此,对砌体施工时的竖向灰缝的质量要求作出了相应的规定。

(8) 砖砌体施工临时间断处补砌时,必须将接槎处表面清理干净,浇水湿润,并填实砂浆,保持灰缝平直。

砖砌体的施工临时间断处的接槎部位本身就是受力的薄弱点,为保证砌体的整体性,必须强调补砌时的要求。

2. 混凝土小型空心砌块砌体工程

(1) 施工时所用的砂浆,宜选用专用的小砌块砌筑砂浆。

专用的小砌块砌筑砂浆是指符合国家现行标准《混凝土小型空心砌块和混凝土砖砌筑砂浆》(JC 860—2008)的砌筑砂浆,该砂浆可提高小砌块与砂浆间的黏结力,且施工性能好。

(2) 底层室内地面以下或防潮层以下的砌体,应采用强度等级不低于 C 20 的混凝土灌实小砌块的孔洞。

填实室内地面以下或防潮层以下砌体小砌块的孔洞,属于构造措施。主要目的是提高砌体的耐久性,预防或延缓冻害,以及减轻地下水中有害物质对砌体的侵蚀。

(3) 小砌块砌筑时,在天气干燥炎热的情况下,可提前洒水湿润小砌块;对轻骨料混凝土小砌块,可提前浇水湿润。小砌块表面有浮水时,不得施工。

普通混凝土小砌块具有饱和吸水率低和吸水速度迟缓的特点,一般情况下砌墙时可不浇水。轻骨料混凝土小砌块的吸水率较大,有些品种的轻骨料小砌块的饱和含水率可达15%左右,对这类小砌块宜提前浇水湿润。控制小砌块含水率的目的,一是避免砌筑时产生砂浆流淌,二是保证砂浆不至失水过快。在此前提下,施工单位可自行控制小砌块的含水率,并应与砌筑砂浆稠度相适应。

(4) 承重墙体严禁使用断裂小砌块。

依据产品标准,断裂小砌块属于废品,对砌体抗压强度将产生不利影响,所以在承重墙体中严禁使用这类小砌块。

(5) 小砌块墙体应对孔错缝搭砌,搭接长度不应小于 90 mm。墙体的个别部位不能满足上述要求时,应在灰缝中设置拉结钢筋或钢筋网片,但竖向通缝仍不得超过两皮小砌块。

(6) 小砌块应底面朝上反砌于墙上。

确保小砌块砌体的砌筑质量,可简单归纳为六个字:对孔、错缝、反砌。所谓对孔,即上皮小砌块的孔洞对准下皮小砌块的孔洞,上、下皮小砌块的壁、肋可较好传递竖向荷载,保证砌体的整体性及强度。所谓错缝,即上、下皮小砌块错开砌筑(搭砌),以增强砌体的整体性,这属于砌筑工艺的基本要求。所谓反砌,即小砌块产生时的底面朝上砌筑于墙体上,易于铺放砂浆和保证水平灰缝砂浆的饱满度,这也是确定砌体强度指标的试件的基本砌法。

(7) 浇灌芯柱的混凝土,宜选用专用的小砌块灌孔混凝土,当采用普通混凝土时,其坍落度不应小于 90 mm。

小砌块孔洞的设计尺寸为 120 mm×120 mm,由于产品生产误差和施工误差,墙体上的孔洞截面还要小些,因此,芯柱用混凝土的坍落度应尽量大一点,避免出现"卡颈"和振捣不密实。坍落度 90 mm 是最低控制指标。专用的小砌块灌孔混凝土坍落度不小于 180 mm,拌和物不离析、不泌水、施工性能好,故宜采用。专用的小砌块灌孔混凝土是指符合国家现行标准《混凝土小型空心砌块灌孔混凝土》(JC 861—2008)的混凝土。

(8) 浇灌芯柱混凝土,应遵守下列规定:

① 清除孔洞内的砂浆等杂物,并用水冲洗;

② 砌筑砂浆强度大于 1 MPa 时,方可浇灌芯柱混凝土;

③ 在浇灌芯柱混凝土前应先注入适量与芯柱混凝土相同的去石水泥砂浆,再浇灌混凝土。

振捣芯柱时的震动力和施工过程中难以避免的冲撞,都可对墙体的整体性带来不利影响,为此规定了砌筑砂浆在 1 MPa 时方可浇灌芯柱混凝土。对于素混凝土芯柱,可在砌筑砌块的同时浇灌芯柱混凝土,此时混凝土振捣十分方便且震动力很小。

④ 需要移动砌体中的砌块或小砌块被撞动时,应重新铺砌。

小砌块块体较大,单个块体对墙、柱的影响大于单块砖对墙体的影响。

3. 砖砌体工程

(1) 石砌体采用的石材应质地坚实,无风化剥落和裂纹。用于清水墙、柱表面的石材,尚应色泽均匀。

对石砌体所用石材的质量作出了一些规定,以满足砌体强度和耐久性的要求。另外,为达到美观效果,要求用于清水墙、柱表面的石材,应色泽均匀。

(2) 石材表面的泥垢、水锈等杂质等,砌筑前应清除干净。

为了保证石材与砂浆的黏结质量,应避免泥垢、水锈等杂质对黏结的隔离作用。

(3) 石砌体的灰缝厚度:毛料石和粗料石砌体不宜大于 20 mm,细料石砌体不宜大于 5 mm。

根据调研,石砌体的灰缝厚度,毛料石和粗料石砌体不宜大于 20 mm、细料石砌体不宜大于 5 mm,经多年实践是可行的,既便于施工操作,又能满足砌体强度和稳定性要求。

(4) 砂浆初凝后,如移动已砌筑的石块,应将原砂浆清理干净,重新铺浆砌筑。

砂浆初凝后,如果再移动已砌筑的石块,砂浆的内部及砂浆与石块的黏结面的黏结力会被破坏,使砌体产生内伤,降低砌体强度及整体性。因此应将原砂浆清理干净,重新铺浆砌筑。

(5) 为使毛石基础和料石基础与地基或基础垫层黏结紧密,保证传力均匀和石块平稳,故要求砌筑毛石基础时的第一皮石块应坐浆并将大面向下,砌筑料石基础时的第一皮石块应用丁砌层坐浆砌筑。

(6) 毛石砌体的第一皮及转角处、交接处和洞口处,应用较大的平毛石砌筑。每个楼层(包括基础)砌体的最上一皮,宜选用较大的毛石砌筑。

砌体中一些容易受到影响的重要受力部位用较大的平毛石砌筑,是为了加强该部位砌体的拉结强度和整体性。同时,为使砌体传力均匀及搁置的楼板(或屋面板)平稳牢固,要求在每个楼层(包括基础)砌体的顶面,选用较大的毛石砌筑。

(7) 砌筑毛石挡土墙应符合下列规定:

每砌 3~4 皮为一个分层高度,每个分层高度应找平一次,能及时发现并纠正砌筑中的偏差,以保证工程质量;

外露面的灰缝厚度不得大于 40 mm,两个分层高度间分层处的错缝不得小于 80 mm。

(8) 料石挡土墙,当中间部分用毛石砌时,丁砌料石伸入毛石部分的长度不应小于 200 mm。

从挡土墙的整体性和稳定性考虑,对料石挡土墙,当设计未作具体要求时,从经济出发,中间部分可填砌毛石,但应使丁砌料石伸入毛石部分的长度不小于 200 mm。

(9) 挡水墙的泄水孔当设计无规定时,施工应符合下列规定:

① 泄水孔应均匀设置,在每米高度上间隔 2 m 左右设置一个泄水孔;

② 泄水孔与土体间铺设长宽各为 300 mm、厚 200 mm 的卵石或碎石做疏水层。

为了防止地面水渗入而造成挡土墙基础沉陷或墙体受水压作用倒塌,因此要求挡土墙设置泄水孔。同时给出了泄水孔的疏水层尺寸要求。

(10) 挡土墙内侧回填土必须分层夯填,分层松土厚度应为 300 mm。墙顶土面应有适当坡度使水流向挡土墙外侧面。

挡土墙内侧的回填土的质量是保证挡土墙可靠性的重要因素之一,应控制其质量,在顶面应有适当坡度使水流向挡土墙外侧面,以保证挡土墙内含水量和墙的侧向土压力无明显变化,从而确保挡土墙的安全性。

4. 配筋砌块工程

(1) 浇灌构造柱混凝土前,必须将砌体留槎部位和模板浇水湿润,将模板内的落地灰、砖渣和其他杂物清理干净,并在结合面处注入适量与构造柱混凝土相同的去石水泥砂浆。振捣时,应避免触碰墙体,严禁通过墙体传震。

(2) 设置在砌体水平灰缝中钢筋的锚固长度不宜小于 $50d$,且其水平或垂直弯折段的长度不宜小于 $20d$ 和 150 mm;钢筋的搭接长度不应小于 $55d$。

配置在砌体水平灰缝中的受力钢筋,其握裹力较混凝土中的钢筋要差一些,因此在保证足够的砂浆保护层的条件下,其锚固长度和搭接长度要加大。

(3) 配筋砌块砌体剪力墙,应采用专用的小砌块砌筑砂浆和专用的小砌块灌孔混凝土。

小砌体砌筑砂浆和小砌块灌孔混凝土性能好,对保证配筋砌块砌体剪力墙的结构受力性能十分有利,其性能应分别符合国家现行标准《混凝土小型空心砌块和混凝土砖砌筑砂浆》(JC 860—2008)和《混凝土小型空心砌块灌孔混凝土》(JC 861—2008)的要求。

5. 填充墙砌体工程

(1) 考虑到空心砖、加气混凝土砌块、轻骨料混凝土小砌块强度不太高,碰撞易碎,吸湿性相对较大,空心砖、蒸压加气混凝土砌块、轻骨料混凝土小型空心砌块等的运输、装卸过程中,严禁抛掷和倾倒;进场后应按品种、规格分别堆放整齐,堆置高度不宜超过 2 m;加气混凝土砌块应防止雨淋。

(2) 填充墙砌体砌筑前块材应提前 2 d 浇水湿润。蒸压加气混凝土砌块砌筑时,应向砌筑面适量浇水。

块材砌筑前浇水湿润是为了使其有较好的黏结。根据空心砖、轻骨料混凝土小砌块的吸水、失水特性,合适的含水率分别为空心砖宜为 10%～15%;轻骨料混凝土小砌块宜为 5%～8%。加气混凝土砌块出釜时的含水率为 35% 左右,以后砌块逐渐干燥,施工时的含水率宜控制在小于 15%(对粉煤灰加气混凝土砌块宜小于 20%)。加气混凝土砌块砌筑时在砌筑面适量浇水是为了保证砌筑砂浆的强度及砌体的整体性。

(3) 用轻骨料混凝土小型空心砌块或蒸压加气混凝土砌块砌筑墙体时,墙底部应砌烧结普通砖或多孔砖,或普通混凝土小型空心砌块,或现浇混凝土坎台等,其高度不宜小于

200 mm。

考虑到轻骨料混凝土小砌块和加气混凝土砌块的强度及耐久性，又不宜剧烈碰撞，以及吸湿性大等因素而作此规定。

5.4.3　砌体材料的施工质量检验

1. 砖砌体工程

（1）主控项目

① 砖和砂浆的强度等级必须符合设计要求。

抽检数量：每一生产厂家的砖到现场后，按烧结砖 15 万块、多孔砖 5 万块、灰砂砖及粉煤灰砖 10 万块各为一验收批，抽检数量为 1 组。

检验方法：查砖和砂浆试块试验报告。

② 砌体水平灰缝的砂浆饱满度不得小于 80%。

抽检数量：每检验批抽查不应少于 5 处。

检验方法：用百格网检查砖底面与砂浆的黏结痕迹面积。每处检测 3 块砖，取其平均值。

水平灰缝砂浆饱满度不小于 80% 的规定沿用已久，根据四川省建筑科学研究试验结果，当水泥混合砂浆水平灰缝饱满度达到 73.6% 时，就可以满足设计规范规定的砌体抗压强度值。有特殊要求的砌体，指设计中对砂浆饱满度提出明确要求的砌体。

③ 砖砌体的转角处和交接处应同时砌筑，严禁无可靠措施的内外墙分砌施工。对不能同时砌筑而又必须留置的临时间断处应砌成斜槎，斜槎水平投影长度不小高度的 2/3。

抽检数量：每检验批抽 20% 接槎，且不应少于 5 处。

检验方法：观察检查。

④ 非抗震设防及抗震设防烈度为 6 度、7 度地区的临时间断处，当不能留斜槎时，除转角处外，可留直槎，但直槎必须做成凸槎。留直槎处应加设拉结钢筋，拉结钢筋的数量为每 120 mm 墙厚放置 1Φ6 拉结钢筋（120 mm 厚墙放置 2Φ6 拉结钢筋），间距沿墙高不应超过 500 mm；埋入长度从留槎处算起每边均不应小于 500 mm，对抗震设防烈度 6 度、7 度的地区，不应小于 1000 mm；末端应有 90°弯钩。

抽检数量：每检验批抽 20% 接槎，且不应少于 5 处。

检验方法：观察和尺量检查。

合格标准：留槎正确，拉结钢设置数量、直径正确，竖向间距偏差不超过 100 mm，留置长度基本符合规定。

砖砌体转角处和交接处的砌筑和接槎质量，是保证砖砌体结构整体性能和抗震性能的关键之一，唐山等地区震害教训充分证明了这一点。陕西省建筑科学研究设计院的研究结果表明交接处同时砌筑的连接性能最佳；留踏步槎（斜槎）的次之；留直槎并按规定加拉结钢筋的再次之；仅留直槎不加设拉结钢筋的最差。

依据《砌体结构工程施工质量验收规范》（GB 50203—2011），对抗震设计烈度为 6 度、7 度地区的临时间断处，允许留直槎并按规定加设拉结钢筋，相对于原《砌体工程施工及验收规范》（GB 50203—98）有了一点放松。这主要是从实际出发，在保证施工质量的前提下，留直槎加设拉结钢筋时，其连接性能较留斜槎时降低有限，抗震设计烈度不高的地区采用留直槎加设拉结钢筋的方法是可行的。

多孔砖砌体根据砖规格尺寸,留置斜槎的长高比一般为 1：2。

⑤ 砖砌体的位置及垂直度允许偏差应符合表 5-5 的规定。

表 5-5　砖砌体的位置及垂直度允许偏差

项次	项目			允许偏差/mm	检验方法
1	轴线位置偏移			10	用经纬仪和尺检查或用其他测量仪器检查
2	垂直度	每层		5	用 2 m 托线板检查
		全高	≤10 m	10	用经纬仪、吊线和尺检查,或用其他测量仪器检查
			>10 m	20	

抽检数量:轴线查全部承重墙柱;外墙垂直度全高查阳角,不应少于 4 处,每层 20 m 查一处;内墙按有代表性的自然间抽 10％,但不应少于 3 间,每间不应少于 2 处,柱不少于 5 根。

砖砌体的轴线位置偏移和垂直度是影响结构受力性能和结构安全的关键检测项目,因此将其列入主控项目。允许偏差值和抽检数量仍沿用原施工验收规范及检验评定标准的规定。

(2) 一般项目

① 砖砌体组砌方法应正确,上、下错缝,内外搭砌,砖柱不得采用包心砌法。

抽检数量:外墙每 20 m 抽查一处,每处 3~5 m,且不应少于 3 处;内墙按有代表性的自然间抽 10％,且不应少于 3 间。

检验方法:观察检查。

合格标准:除符合本条要求外,清水墙、窗间墙无通缝;混水墙中长度大于或等于 300 mm 的通缝每间不超过 3 处,且不得位于同一面墙体上。

从确保砌体结构整体性和有利于结构承载出发,对组砌方法提出的基本要求,施工中应予满足,"通缝"指上下二皮砖搭接长度小于 25 mm 的部位。

② 砖砌的灰缝应横平竖直,厚薄均匀。水平灰缝厚度宜为 10 mm,但不应小于 8 mm,也不应大于 12 mm。

抽检数量:每步脚手架施工的砌体,每 20 m 抽查 1 处。

检验方法:用尺量 10 皮砖砌高度折算。

灰缝横平竖直,厚薄均匀,既是对砌体表面美观的要求(尤其是清水墙),又有利于砌体均匀传力。此外,试验表明,灰缝厚度还影响砌体的抗压强度。例如对普通砖砌体而言,与标准水平灰缝厚度 10 mm 相比,12 mm 水平灰缝厚度砌体的抗压强度降低 5％;8 mm 水平灰缝厚度砌体的抗压强度提高 6％。对多孔砖砌体,其变化幅度还要大些。因此规定,水平灰缝的厚度不应小于 8 mm,也不应大于 12 mm,这也是一直沿用的数据。

③ 砖砌体的一般尺寸允许偏差应符合表 5-6 的规定。

表 5-6　砖砌体一般尺寸允许偏差

项次	项目	允许偏差/mm	检验方法	抽检数量
1	基础顶面和楼面标高	±15	用水平仪和尺检查	不应少于 5 处

续表

项次	项目		允许偏差/mm	检验方法	抽检数量
2	表面平整度	清水墙、柱	5	用2m靠尺和楔形塞尺检查	有代表性自然间10%,但不应少于3间,每间不应少于2处
		混水墙、柱	8		
3	门窗洞口高、宽（后塞口）		±5	用尺检查	检验批洞口的10%,且不应少于5处
4	外墙上下窗口偏移		20	以底层窗口为准,用经纬仪或吊线检查	检验批的10%,且不应少于5处
5	水平灰缝平直度	清水墙	7	拉10m线和尺检查	有代表性自然间10%,但不应少于3间,每间不应少于2处
		混水墙	10		
6	清水墙游丁走缝		20	吊线和尺检查,以每层第一皮砖为准	有代表性自然间10%,但不应少于3间,每间不应少于2处

砖砌体一般尺寸偏差,虽对结构的受力性能和结构安全性不会产生重要影响,但对整个建筑物的施工质量、经济性、简便性、建筑美观和确保有效使用面积有影响,故施工中对其偏差也应予以控制。

2. 混凝土小型空心砌块砌体工程

（1）主控项目

① 小砌块和砂浆的强度等级必须符合设计要求。

抽检数量:每一生产厂家,每1万块小砌块至少应抽检一组。用于多层以上建筑基础和底层的小砌块抽检数量不应少于2组。

小砌块砌体工程中,小砌块和砌筑砂浆强度等级是砌块力学性能能否满足要求最基本的条件。因此,小砌块和砂浆的强度等级必须符合设计要求。

② 砌体水平灰缝的砂浆饱满度,应按净面积计算不得低于90%;竖向灰缝饱满度不得小于80%,竖缝凹槽部位应用砌筑砂浆填实;不得出现瞎缝、透明缝。

抽检数量:每检验批不应少于3处。

检验方法:用专用百格网检测小砌块与砂浆黏结痕迹,每处检测3块小砌块,取其平均值。

小砌块施工时对砂浆饱满度的要求严于砖砌体。究其原因,一是由于小砌块壁较薄肋较窄,应提出更高的要求;二是砂浆饱满度对砌体强度及墙体整体性影响较大,其中抗剪强度较低又是小砌块的一个弱点;三是考虑了建筑物使用功能(如防渗漏)的需要。

③ 墙体转角处和纵横交接处应同时砌筑。临时间断处应砌成斜槎,斜槎水平投影长度不应小于高度的2/3。

抽检数量:每检验批抽20%接槎,且不应少于5处。

检验方法:观察检查。

④ 砌体的轴线偏移和垂直度偏差应按砌体结构规范的规定执行。

（2）一般项目

墙体的水平灰缝厚度和竖向灰缝宽度宜为 10 mm，但不应大于 12 mm，也不应小于 8 mm。

抽检数量：每层楼的检测点不应少于 3 处。

抽检方法：用尺量 5 皮小砌块的高度和 2 m 砌体长度折算。

小砌块水平灰缝厚度和竖向灰缝宽度的要求，与砖砌体一致，这样也便于施工检查。多年施工经验表明，此要求是适用的。

小砌块墙体的一般尺寸应符合相应的允许偏差。

3. 石砌体工程

（1）主控项目

① 石材及砂浆强度等级必须符合设计要求。

抽检数量：同一产地的石材至少应抽检一组。

检验方法：料石检查产品质量证明书，石材、砂浆检查导体试验报告。

石砌体是由石材和砂浆砌筑而成，其力学性能能否满足设计要求，石材和砂浆的强度等级将起到决定性作用。因此，石材及砂浆强度等级必须符合设计要求。

② 砂浆饱满度不应小于 80%。

抽检数量：每步架抽查不应少于 1 处。

检验方法：观察检查。

砂浆饱满度的大小，将直接影响石砌体的力学性能、整体性能和耐久性能的好坏。因此，对石砌体的砂浆饱满度进行了规定。

③ 石砌体的轴线位置及垂直度允许偏差应符合表 5-7 的规定。

表 5-7　石砌体的轴线位置及垂直度允许偏差

项次	项目		允许偏差/mm							检验方法
			毛石砌体		料石砌体					
					毛料石		粗料石		细料石	
			基础	墙	基础	墙	基础	墙	墙、柱	
1	细线位置		20	15	20	15	15	10	10	用经纬仪和尺检查，用其他测量仪器检查
2	墙面垂直度	每层	—	20	—	20	—	10	7	用经纬仪、吊线和尺检查或用其他测量仪器检查
		全高	—	30	—	30	—	25	20	

抽检数量：外墙按楼层（或 4 m 高以内）每 20 m 抽查 1 处，每处 3 延长米，但不应少于 3 处；内墙按有代表性的自然间抽查 10%，但不应少于 3 间，每间不应少于 2 处，柱子不应少于 5 根。

石砌体的轴线位置及垂直度偏差将直接影响结构的安全性。

（2）一般项目

① 石砌体的一般尺寸允许偏差应符合表 5-8 的规定。

抽检数量：外墙按楼层（4 m 高以内）每 20 m 抽查 1 处，每处 3 延长米，但不应少于 3

处;内墙按有代表性的自然间抽查 10％,但不应少于 3 间,每间不应少于 2 处,柱子不应少于 5 根。

表 5-8 石砌体的一般尺寸允许偏差

项次	项目		允许偏差/mm							检验方法
			毛石砌体		料石砌体					
			基础	墙	基础	墙	基础	墙	墙、柱	
1	基础和墙砌体顶面标高		±25	±15	±25	±15	±15	±15	±10	用水准仪和尺检查
2	砌体厚度		±30	+20 −10	+30	+20 −10	+15	+10 −5	+10 −5	用尺检查
3	表面平整度	清水墙、柱	—	20	—	20	—	10	5	细料石用 2 m 靠尺和楔形塞尺检查,其他用两直尺垂直灰缝拉 2 m 线和尺检查
		混水墙、柱	—	20	—	20	—	15		
4	清水墙水平灰缝平直度		—	—	—	—	—	10	5	拉 10 m 线和尺检查

说明:石砌体的一般尺寸允许偏差保留项在原规范的基础上作了文字上的适当变动。如检查项目"基础和砌体顶面标高"提法比原"基础和楼面标高"提法所含内容更广一些。检验方法"用水准仪和尺检查"要求具体明确,便于工程质量验收。砌体厚度项目中的毛石基础、毛料石基础和粗料石基础增加下限为"0"的控制,即不允许出现负偏差,这一规定将大大增加基础工程的安全可靠性。

② 石砌体的组砌形式应符合下列规定:内外搭砌,上下错缝,拉结石、丁砌石交错设置;毛石墙拉结石每 0.7 m² 墙面不应少于 1 块。

检查数量:外墙按楼层(或 4 m 高以内)每 20 m 抽查 1 处,每处 3 延长米,但不应少于 3 处;内墙按有代表性的自然间抽查 10％,但不应少于 3 间。

检验方法:观察检查。

4. 配筋砌体工程

(1) 主控项目

① 构造柱与墙体的连接处应砌成马牙槎,马牙槎应先退后进,预留的拉结钢筋应位置正确,施工中不得任意弯折。

抽检数量:每检验批抽 20％构造柱,且不少于 3 处。

检验方法:观察检查。

合格标准:钢筋竖向移位不应超过 100 mm,每一马牙槎沿高度方向尺寸不应超过 300 mm。钢筋竖向位移和马牙槎尺寸偏差每一构造柱不应超过 2 处。

构造柱是房屋抗震设防的重要构造措施。为保证构造柱与墙体的可靠连接,使构造柱能充分发挥其作用而提出了施工要求。外露的拉结筋有时会妨碍施工,必要时进行弯折是可以的,但不允许随意弯折。在弯折和平直复位时,应仔细操作,避免使埋入部分的钢筋产生松动。

② 构造柱位置及垂直度的允许偏差应符合表 5-9 的规定。

表 5-9　构造柱尺寸允许偏差

项次	项目		允许偏差/mm	抽检方法
1	柱中心线位置		10	用经纬仪和尺检查或用其他测量仪器检查
2	柱层间错位		8	用经纬仪和尺检查或用其他测量仪器检查
3	柱垂直度	每层	10	用 2 m 托线板检查
		全高 ≤10 m	15	用经纬仪、吊线和尺检查,或用其他测量仪器检查
		>10 m	20	

抽检数量:每检验批抽 10%,且不应少于 5 处。

构造柱位置及垂直度的允许偏差是根据《约束砌体与配筋砌体结构技术规程》(JGJ 13—2014)的规定确定的,多年实践经验表明其尺寸允许偏差是适宜的。

③ 对配筋混凝土小型空心砌块砌体,芯柱混凝土应在装配式楼盖处贯通,不得削弱芯柱截面尺寸。

抽检数量:每检验批抽 10%,且不应少于 5 处。

检验方法:观察检查。

芯柱与预制楼盖相交处,应使芯柱上下连续,否则芯柱的抗震作用将受到不利影响,但又必须保证楼板的支承长度。两者虽有矛盾,但从设计和施工两方面采取灵活的处置措施是可以满足上述规定的。

(2) 一般项目

① 设置在砌体水平灰缝内的钢筋,应居中置于灰缝中。水平灰缝厚度应大于钢筋直径 4 mm 以上。砌体外露砂浆保护层的厚度不应小于 15 mm。

抽检数量:每检验批抽检 3 个构件,每个构件检查 3 处。

抽验方法:观察检查,辅以钢尺检测。

砌体水平灰缝中钢筋居中放置有两个目的,一是对钢筋有较好的保护;二是使砂浆层能与块体较好地黏结。要避免钢筋偏上或偏下而与块体直接接触的情况出现,因此规定水平灰缝厚度应大于钢筋直径 4 mm 以上,但灰缝过厚又会降低砌体的强度,因此,施工中应予以注意。

② 设置在砌体灰缝内的钢筋的防腐保护应符合相应规范条文的规定。

抽检数量:每检验批抽检 10% 的钢筋。

检验方法:观察检查。

合格标准:防腐涂料无漏刷(喷浸),无起皮脱落现象。

③ 网状配筋砌体中,钢筋网及放置间距应符合设计规定。

抽检数量:每检验批抽 10%,且不应少于 5 处。

检验方法:钢筋规格检查钢筋网成品;钢筋放置间距局部剔缝观察,或用钢筋位置测定仪测定。

合格标准:钢筋网沿砌体高度超过设计规定一皮砖厚不得多于 1 处。

④ 组合砖砌体构件,竖向受力钢筋保护层符合设计要求,距砖砌体表面距离不应小于 5 mm;拉结筋两端应设弯钩,拉结筋及箍筋的位置应正确。

抽检数量:每检验批抽检 10%,且不应少于 5 处。

检验方法:支模前观察与尺量检查。

合格标准:钢筋保护层符合设计要求;拉结筋位置及弯钩设置 80% 及以上符合要求,箍筋间距超过规定处,每件不得多于 2 处,且每处不得超过一皮砖。

组合砖砌体中,为了保证钢筋的握裹力和耐久性,钢筋保护层厚度距砌体表面的距离应符合设计规定;拉结筋及箍筋为充分发挥其作用,也作了相应的规定。

⑤ 配筋砌块砌体剪力墙中,采用搭接头的受力钢筋搭接长度不应小于 35d,且不应少于 300 mm。

抽检数量:每检验批每类构件抽 20%(墙、柱、连梁),且不应少于 3 件。

检验方法:尺量检查。

对于钢筋在小砌块砌体灌孔混凝土中锚固的可靠性,砌体设计规范修订组曾安排做了专门的锚固试验,试验表明,位于灌孔混凝土中的钢筋,不论位置是否对中,均能在远小于规定的锚固长度内达到屈服。这是因为灌孔混凝土中的钢筋处在周边有砌块壁形成约束条件下的混凝土中,这比钢筋在一般混凝土中锚固条件要好。

5. 填充墙砌体工程

(1)主控项目

砖、砌块和砌筑砂浆的强度等级应符合设计要求。

检验方法:检查砖或砌块的产品合格证书、产品性能检测报告和砂浆试块试验报告。

(2)一般项目

① 填充墙砌体一般尺寸的允许偏差应符合表 5-10 的规定。

抽检数量:对表中 1,2 项,在检验批的标准间中随机抽查 10%,但不应少于 3 间;对表中 3,4 项,在检验批中抽检 10%,且不应少于 5 处。

表 5-10　填充墙砌体一般尺寸允许偏差

项次	项目		允许偏差/mm	检验方法
1	轴线位移		10	用尺检查
	垂直度	小于或等于 3 m	5	用 2 m 托线板或吊线、尺检查
		大于 3 m	10	用 2 m 托线板检查
2	表面平整度		8	用 2 m 靠尺和楔形塞尺检查
3	门窗洞口高、宽(后塞口)		±5	用尺检查
4	外墙上、下窗口偏移		20	用经纬仪或吊线检查

② 蒸压加气混凝土砌块砌体和轻骨料混凝土小型空心砌块砌体不应与其他块材混砌。

抽检数量:在检验批中抽检 20%,且不应少于 5 处。

检验方法:外观检查。

加气混凝土砌块砌体和轻骨混凝土小砌块砌体的干缩较大,为防止或控制砌体干缩裂缩的产生,作出"不应混砌"的规定。但对于构造需要的墙底部、墙顶部、局部门、窗洞口处,可酌情采用其他块材补砌。

③ 填充墙砌体的砂浆饱满度及检验方法应符合表 5-11 的规定。

抽检数量:每步架子不少于 3 处,且每处不应少于 3 块。

填充墙砌体的砂浆饱满度虽影响砌体的质量,但不涉及结构的重大安全,故将其检查列入一般项目验收。

表 5‑11 填充墙砌体的砂浆饱满度及检验方法

砌体分类	灰缝	饱满度及要求	检验方法
空心砖砌体	水平	≥80%	采用百格网检查块材底面砂浆的黏结痕迹面积
	垂直	填满砂浆,不得有透明缝、瞎缝、假缝	
加气混凝土砌块和轻骨料混凝土小砌块砌体	水平	≥80%	
	垂直	≥80%	

④ 填充墙砌体留置的拉结钢筋或网片的位置应与块体皮数相符合。拉结钢筋或网片应置于灰缝中,埋置长度应符合设计要求,竖向位置偏差不应超过一皮高度。

抽检数量:在检验批中抽检 20%,且不应少于 5 处。

检验方法:观察和用尺量检查。

⑤ 填充墙砌筑时应错缝搭砌,蒸压加气混凝土砌块搭砌长度不应小于砌块长度的 1/3;轻骨料混凝土小型空心砌块搭砌长度不应小于 90 mm;竖向通缝不应大于 2 皮。

抽检数量:在检验批的标准间中抽查 10%,且不应少于 3 间。

检查方法:观察和用尺检查。

错缝,即上、下皮块体错开摆放,此种砌法为搭砌,以增强砌体的整体性。

⑥ 填充墙砌体的灰缝厚度和宽度应正确。空心砖、轻骨料混凝土小型空心砌块的砌体灰缝应为 8～12 mm。蒸压加气混凝土砌块砌体的水平灰缝厚度及竖向灰缝宽度分别宜为 15 mm 和 20 mm。

抽检数量:在检验批的标准间中抽查 10%,且不应少于 3 间。

检查方法:用尺量 5 皮空心砖或小砌块的高度和 2 m 砌体长度折算。

加气混凝土砌块尺寸比空心砖、轻骨料混凝土小砌块大,故对其砌体水平灰缝厚度和竖向灰缝宽度的规定稍大一些。灰缝过厚或过宽,不仅浪费砌筑砂浆,而且砌体灰缝的收缩也将加大,不利砌体裂缝的控制。

⑦ 填充墙砌至接近梁、板底时,应留一定空隙,待填充墙砌完并应至少间隔 7 d 后,再将其补砌挤紧。

抽检数量:每验收批抽 10% 填充墙片(每两柱间的填充墙为一墙片),且不应少于 3 片墙。

检验方法:观察检查。

填充墙砌完后,砌体还将产生一定变形,施工不当,不仅会影响砌体与梁或板底的紧密结合,还会产生结合部位的水平裂缝。

5.4.4 砌体工程冬期施工质量检验

(1) 当室外日平均气温连续 5 d 稳定低于 5℃,砌体工程应采取冬期施工措施。冬期施工期限以外,当日最低气温低于 0℃ 时,也应按本节的规定执行。

多年的实践证明,室外日平均气温连续 5 d 稳定低于 5℃,作为冬期施工的界限,基本上是符合我国国情的,其技术效果和经济效果均比较好。若冬期施工期规定得太短,或者应采用冬期施工措施时没有采取,都会导致技术上的失误,造成工程质量事故;若冬期施工期规定得太长,没有必要时也采取冬期施工措施,将影响到冬期施工费用问题,增加工程造价,并给施工带来不必要的麻烦。

(2) 冬期施工的砌体工程质量验收除应符合要求外,尚应符合国家现行标准《建筑工程冬期施工规程》(JGJ 104—2011)的规定。

砌体工程冬期施工,气温低给施工带来诸多不便,必须采取一些必要的冬期施工技术措施来确保工程质量,同时又要保证常温施工情况下的一些工程质量要求。

(3) 砌体工程冬期施工应有完整的冬期施工方案。

在砌体工程冬期施工过程中,只有加强管理和采取必要的技术措施才能保证工程质量符合要求。因此,砌体工程冬期施工应有完整的冬期施工方案。

(4) 冬期施工所用材料应符合下列规定:

① 石灰膏、电石膏等若受冻使用,将直接影响砂浆的强度,因此石灰膏、电石膏等应防止受冻,如遭冻结,应经融化后使用。

② 拌制砂浆用砂,不得含有冰块和大于 10 mm 的冻结块,否则将影响砂浆强度的增长和砌体灰缝厚度的控制。因此对拌制浆用砂质量提出要求。

③ 遭水浸冻后的砖或其他块材,使用时将降低它们与砂浆的黏结强度并因它们温度较低而影响砂浆强度的增长,因此砌体用砖或其他块材不得遭水浸冻。

(5) 冬期施工砂浆试块的留置,除应按常温规定要求外,尚应增加不少于 1 组与砌体同条件养护的试块,测试 28 d 强度。

考虑到冬期低温施工对砂浆强度影响较大,为了获得砌体中砂浆在自然养护期间的强度,确保砌体工程结构安全可靠,因此有必要增留与砌体同条件养护的砂浆试块。

(6) 基土无冻胀性时,基础可在冻结的地基上砌筑;基土有冻胀性时,应在未冻的地基上砌筑。在施工期间和回填土前,均应防止地基遭受冻结。

实践证明,在冻胀基土上砌筑基础,待基土解冻时会因不均匀沉降造成基础和上部结构破坏;施工期间和回填土前如地基受冻,会因地基冻胀造成砌体胀裂或因地基解冻造成砌体损坏。

(7) 多孔砖和空心砖在气温高于 0℃ 条件下砌筑时,应浇水湿润。在气温低于、等于 0℃ 条件下砌筑时,可不浇水,但必须增大砂浆稠度。抗震设防烈度为 9 度的建筑物,普通砖、多孔砖和空心砖无法浇水湿润时,如无特殊措施,不得砌筑。

普通砖、多孔砖和空心砖的湿润程度对砌体强度的影响较大,特别对抗剪强度的影响更为明显,故在气温高于 0℃ 条件下砌筑时,不宜对砖浇水,这是因为水在材料表面有可能立即结成冰薄膜,反而会降低和砂浆的黏结强度,同时也给施工操作带来不便。此时,可不浇水但必须适当增大砂浆的稠度。

(8) 拌合砂浆宜采用两步投料法。为了避免砂浆拌合时因砂和水过热造成水泥假凝现象,水的温度不得超过 80℃;砂的温度不得超过 40℃。

(9) 砂浆使用温度应符合下列规定。

① 采用掺外加剂法时,不应低于 +5℃;

② 采用氯盐砂浆法时,不应低于 +5℃;

③ 采用暖棚法时,不应低于+5℃;

④ 采用冻结法,室外空气温度分别为 0～−10℃,−11℃～−25℃,−25℃以下时,砂浆使用最低温度分别为 10℃,15℃,20℃。

考虑在砌筑过程中砂浆能保持良好的流动性,从而可保证较好的砂浆饱满度和黏结强度。参照《建筑工程冬期施工规程》(JGJ 104—2011)确定了冻结法施工中砂浆使用的最低温度。

(10) 采用暖棚法施工,块材在砌筑时的温度不应低于+5℃,距离所砌的结构底面 0.5 m 处的棚内温度也不应低于+5℃。

(11) 在暖棚内的砌体养护时间,应根据暖棚内温度,按表 5-12 确定。

表 5-12 暖棚法砌体的养护时间

暖棚的温度/℃	5	10	15	20
养护时间/d	≥6	≥5	≥4	≥3

砌体暖棚法施工,近似于常温施工与养护,为有利于砌体强度的增长,暖棚内尚应保持一定的温度。表中给出的最少养护期是根据砂浆等级和养护温度与强度增长之间的关系确定的。砂浆强度达到强度的 30%,即达到了砂浆允许受冻临界强度值,再拆除暖棚时,并限于未掺盐的砂浆,如果施工要求强度有较快增长,可以延长养护时间或提高棚内养护温度以满足施工进度要求。

(12) 在冻结法施工的解冻期间,应经常对砌体进行观测和检查,如发现裂缝、不均匀下沉等情况,应立即采取加固措施。

在解冻期间,砌体中砂浆基本无强度或强度较低,又可能产生不均匀沉降,造成砌体裂缝,为保证建筑物安全,在发现裂缝、不均匀下沉时应立即采取加固措施。

(13) 当采用掺盐砂浆法施工时,宜将砂浆强度等级按常温施工的强度等级提高一级。

(14) 为了避免氯盐对砌体中钢筋的腐蚀,配筋砌体不得采用掺盐砂浆法施工。

5.4.5 常见的质量问题及其防治措施

砖砌体工程的质量问题及其防治措施主要有:

(1) 基础墙与上部墙错台:基础砖摆底要正确,收退大放脚两边要相等,退到墙身之前要检查轴线和边线是否正确,如偏差较小,可在基础部位纠正,不得在防潮层以上退台或出沿。

(2) 清水墙游丁走缝:排砖时必须把立缝排匀,砌完一步架高度,每隔 2 m 间距在丁砖立楞处用托线板吊直弹线,二步架往上继续吊直弹粉线,由底往上所有七分头的长度应保持一致,上层分窗口位置必须同下窗口保持垂直。

(3) 灰缝大小不匀:立皮数杆要保证标高一致,盘角时灰缝要掌握均匀,砌砖时小线要拉紧,防止一层线松,一层线紧。

(4) 窗口上部立缝变活:清水墙排砖时,为了使窗间墙、垛排成好活,把破活排在中间或不明显位置,在砌过梁上第一行砖时,不得随意变活。

(5) 砖墙鼓胀:外砖内模墙体砌筑时,在窗间墙上、抗震柱两边分上、中、下留出 6 cm×12 cm 通孔,在抗震柱外墙面上垫木模板,用花篮螺栓与大模板连接牢固。混凝土要分层浇筑,振捣棒不可直接触及外墙。楼层圈梁外三皮 12 cm 砖墙也应认真加固。如在振捣时发现砖墙已鼓胀,则应及时拆掉重砌。

(6)混水墙粗糙:舌头灰未刮尽,半头砖集中使用,造成通缝;一砖厚墙背面偏差较大;砖墙错层造成螺丝墙。半头砖应分散使用在墙体较大的面上。首层或楼层的第一皮砖要查对皮数杆的标高及层高,防止到顶砌成螺丝墙。一砖厚墙应外手挂线。

(7)构造柱处砌筑不符合要求:构造柱砖墙应砌成大马牙槎,设置好拉结筋,从柱脚开始两侧都应先退后进,当凿深12 cm时,宜上口一皮进6 cm,再上一皮进12 cm,以保证混凝土浇筑时上角密实;构造柱内的落地灰、砖渣杂物必须清理干净,防止混凝土内夹渣。

5.5　砌筑工工种实训操作题

5.5.1　实训的教学目的与基本要求

本砌筑工程施工实训在第五学期进行,砌筑工要掌握建筑制图的基本知识和看懂较复杂的施工图,熟悉砖石结构和抗震构造的一般知识,掌握施工测量放线的基本知识。同时也要掌握砖石基础的砌筑与空斗墙、空心砖墙、空心砌块的砌筑。目的是让学生通过现场施工操作,获得一定的施工技术的实践知识和生产技能操作体验,提高学生的动手能力,培养、巩固、加深、扩大所学的专业理论知识,为毕业实习、就业顶岗打下必要的基础。

学生可以先熟悉施工图纸、工程规范、施工质量检验评定标准,了解施工方案的工艺流程、施工方法和技术要求,以逐步适应工作的要求。

5.5.2　实训任务

砌筑工工种施工实训的内容是0.24 m宽1.5 m、高2 m长的砖墙,采用三顺一丁砌筑法,其中一端留马牙槎。

5.5.3　实训工具和材料准备

1. 实训工具

(1)砖(瓦)刀

(2)铁锹

(3)小灰槽

(4)铁抹子、木抹子

(5)小白线、线锤、托线板

(6)钢尺、软靠尺

(7)钢筋夹具、砖夹子

(8)扫帚

2. 实训材料

(1)普通混凝土砖:数量根据实训内容确定

(2)石灰:熟化时间满足要求

(3)砂:中砂,筛除杂土等

5.5.4　实训步骤

（1）做好技术准备、工具、材料准备

（2）据图放线

（3）选砖排砖摞底

（4）选砖盘角、立皮数杆

（5）挂通线砌墙身、留槎

（6）丁砖压顶

（7）学生交叉自检

（8）教师检评

5.5.5　实训上交材料以及成绩评定

上交材料有砌筑成品、实训成绩考核评定表等。

实训成绩考核评定表见表 5－13。

表 5－13　砌筑工操作技能考核评定表

分组组号_____　　分组名单_____

成绩：

序号	考核内容	考核要点	配分	评分标准	检测结果	扣分	得分
1	作业准备	工具种类齐全（大铲、瓦刀、托线板、线坠、小白线、卷尺、铁水平尺、小水桶、灰槽、砖夹子、扫帚等）	3	种类齐全			
		弹好轴线墙身线	5	误差±5 mm，超过不得分			
		砌筑材料准备以及质量	3	一定的砖、砂、水泥、掺和剂以及其他材料			
		提前砖浇水	5	适当含水率			
2	砂浆搅拌	砂浆配合比计算	8	配合比合理			
		搅拌时间适当	5	不少于 1.5 min			
		搅拌方式使用合理	5	机械或人工搅拌			
3	砌墙砖	砌筑方式选用合理	5	选择合适的砌筑方式			
		选砖	5	棱角整齐，无弯曲、裂纹，颜色均匀，规格基本一致			
		盘角皮数与偏差调整	8	偏差符合要求，超出要扣分			
		挂线方式、数量和位置	10	位置得当			
		砌筑拉结筋预留	5	数量和长度符合规范要求			
		留槎位置、方式和措施	5	基本准确			
		灰缝厚度合理	8	偏差合理，超出扣分			
		砌筑操作熟练与时间控制	10	操作数量，时间控制适当			

续表

序号	考核内容	考核要点	配分	评分标准	检测结果	扣分	得分
5	其他	场地清理	10	设备、工具复位,材料、场地清理干净,有一处不合要求扣2分,扣完为止			
合计		100					

评分人：　　　　年　　　月　　　日

课后思考题

1. 砂浆有几项技术指标？
2. 墙身砌筑要遵循哪几项原则？
3. 什么条件下视为进入冬季施工？
4. 影响砌体高厚比的因素有哪些？
5. 砌体结构材料的发展方向是什么？
6. 为什么建筑物要设置变形缝？
7. 砌砖工作的四个基本动作是什么？

项目6 抹灰工工种实训

通过对抹灰工工种实训的学习,使学生进一步了解抹灰工工种的施工操作,通过对抹灰工工种的实训操作,学生可以全面系统地了解、掌握抹灰工工种的理论知识以及施工工艺,掌握抹灰工工种的质量标准以及注意事项,掌握一般抹灰工程的质量检验以及相应的质量通病防治。

6.1 抹灰工的基本概念

6.1.1 抹灰的定义

抹灰是将各种砂浆、装饰性水泥石子浆等涂抹在建筑物的墙面、地面、顶棚等表面上。

抹灰工程既可增强建筑物的防潮、保温、隔热性能,改善居住和工作条件,同时又对建筑物主体起到保护作用,延长房屋使用寿命。

6.1.2 抹灰的分类以及组成

抹灰工程按工种部位可分为室内抹灰和室外抹灰,按抹灰的材料和装饰效果可分为一般抹灰和装饰抹灰。

一般抹灰采用的是石灰砂浆、混合砂浆、水泥砂浆、麻刀(玻纤)灰、纸筋灰和石膏灰等材料。装饰抹灰按所使用的材料、施工方法和表面效果可分为拉条灰、拉毛灰、洒毛灰、水刷石、水磨石、干粘石、剁斧石及弹涂、滚涂、喷砂等。

一般抹灰按做法和质量要求分为普通抹灰、中级抹灰和高级抹灰三级。

普通抹灰由一底层、一面层构成。施工要求分层赶平、修整,表面压光。

中级抹灰由一底层、一中层、一面层构成。施工要求阳角找方,设置标筋,分层赶平、修整,表面压光。

高级抹灰由一底层、数层中层、一面层构成。施工要求阴阳角找方,设置标筋,分层赶平、修整,表面压光。

抹灰工程分层施工主要是为了保证抹灰质量,做到表面平整,黏结牢固,避免裂缝。抹灰层大致分为底层、中层和面层,以砖墙为例,如图6-1所示,当底层和中层合并一起操作时,则可只分为底层和面层。各层的作用及对材料的要求如下:

(1)底层

底层主要起抹面层与基体黏结和初步找平的作用,采用的材料与基层有关。室内砖墙常

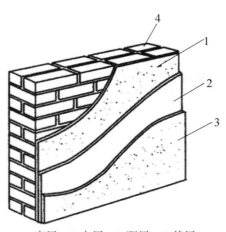

1-底层；2-中层；3-面层；4-基层

图 6-1 抹灰层的组成

用石灰砂浆或水泥砂浆；室外砖墙常采用水泥砂浆；混凝土基层常采用素水泥浆、混合砂浆或水泥砂浆；硅酸盐砌块基层应采用水泥混合砂浆或聚合物水泥砂浆；板条基层抹灰常采用麻刀灰和纸筋灰。因基层吸水性强，故砂浆稠度应较小，一般为 100～200 mm。若有防潮、防水要求，则应采用水泥砂浆抹底层。

（2）中层

中层主要起保护墙体和找平作用，采用的材料与基层相同，但稠度可大一些，一般为 70～80 mm。

（3）面层

面层主要起装饰作用。室内墙面及顶棚抹灰常采用麻刀（玻纤）灰、纸筋灰或石膏灰，也可采用大白腻子。室外抹灰可采用水泥砂浆、聚合物水泥砂浆或各种装饰砂浆。砂浆稠度为 100 mm 左右。

抹灰层的平均总厚度要求为：内墙普通抹灰不得大于 18 mm，中级抹灰不得大于 20 mm，高级抹灰不得大于 25 mm；外墙抹灰，墙面不得大于 20 mm，勒脚及突出墙面部分不得大于 25 mm；顶棚抹灰当基层为板条、空心砖或现浇混凝土时不得大于 15 mm，预制混凝土不得大于 18 mm，金属网顶棚抹灰不得大于 20 mm。

抹灰层每层的厚度要求为：水泥砂浆每层宜为 5～7 mm，水泥混合砂浆和石灰砂浆每层厚度宜为 7～9 mm。面层抹灰经过赶平压实后的厚度，麻刀灰不得大于 3 mm，纸筋灰、石膏灰不得大于 2 mm。

6.2 一般抹灰材料以及工具

6.2.1 抹灰砂浆的材料

1. 胶凝材料

在抹灰工程中，胶凝材料主要有水泥、石灰、石膏等。

常用的水泥有硅酸盐水泥、普通硅酸盐水泥和矿渣硅酸盐水泥等，标号在 32.5 级以上。不同品种的水泥不得混用，不得采用未做处理的受潮、结块水泥，出厂已超过 3 个月的水泥应经试验后方可使用。

在抹灰工程中采用的石灰为块状生石灰经熟化陈伏后淋制成的石灰膏。淋制时必须用孔径不大于 3 mm×3 mm 的筛子过滤，并贮存在沉淀池中。为保证过火生石灰的充分熟化，以避免后期熟化引起抹灰层的起鼓和开裂，生石灰的熟化时间一般应不少于 15d，如用于拌制罩面灰，则应不少于 30d。抹灰用的石灰膏可用优质块状生石灰磨细而成的生石灰粉代替，可省去淋灰作业而直接使用，但为保护抹灰质量，其细度要求过 4800 孔/cm² 的筛。但用于拌制罩面灰时，生石灰粉仍要经一定时间的熟化，熟化时间不小于 3 d，以避免出现干裂和爆灰现象。使用时，石灰膏内不得含有未熟化的颗粒和其他杂质。

抹灰用石膏是在建筑石膏（p 型半水石膏）中掺入缓凝剂及掺和料制作而成。在抹灰过程中如需加速凝结，可在其中掺入适量的食盐；如需进一步缓凝，可在其中掺入适量的石灰浆或明胶。

2. 砂

一般抹灰砂浆中采用普通中砂（细度模数为 3.0～2.6），或与粗砂（细度模数为 3.7～3.1）混合掺用。抹灰用砂要求颗粒坚硬洁净，含黏土、淤泥不超过 3%，在使用前需过筛，去除粗大颗粒及杂质。应根据现场砂的含水率及时调整砂浆拌合用水量。

3. 纤维材料

麻刀、纸筋、玻璃纤维是抹灰砂浆中常掺加的纤维材料，在抹灰层中主要起拉结作用，以提高其抗裂能力和抗拉强度，同时可增加抹灰层的弹性和耐久性，使其不易脱落。麻刀应均匀、干燥、不含杂质，长度以 20～30 mm 为宜，用时将其敲打松散，用石灰膏调好。纸筋（即粗草纸）分干、湿两种，拌和纸筋灰用的干纸筋应用水浸透、捣烂，湿纸筋可直接掺用，罩面纸筋应机碾磨细。

玻璃纤维丝配制抹面灰浆可耐热、耐久、耐腐蚀，其长度以 10 mm 左右为宜，但使用时要采取保护措施，以防其刺激皮肤。

4. 磨细生石灰粉

其细度过 0.125 mm 的方孔筛，累计筛余量不大于 13%。使用前用水泡透使其充分熟化，熟化时间不少于 3 d。

浸泡方法：应提前备好一个大容器，均匀地往容器中撒一层生石灰粉，浇一层水，然后再撒一层生石灰粉，再浇水，依此进行。直至达到容器体积的 2/3，随后，将容器内放满水，将生石灰粉全部浸泡在水中，使之熟化。

5. 磨细粉煤灰

细度过 0.08 mm 的方孔筛，其筛余量不大于 5%，粉煤灰可取代水泥来拌制砂浆，其最多掺量不大于水泥用量的 25%，若在砂浆中取代白灰膏，最大掺量不宜大于 50%。

6. 其他掺合料

107 胶、外加剂，其掺入量应通过试验确定。

6.2.2　一般抹灰砂浆的配制

一般抹灰砂浆拌和时通常采用质量配合比，材料应称量搅拌。配料的误差，水泥应在 ±2% 以内，砂子、石灰膏应控制在 ±5% 以内。砂浆应搅拌均匀，一次搅拌量不宜过多，最好随拌随用。拌好的砂浆堆放时间不宜过久，应控制在水泥初凝前用完。

1. 砂浆制备

抹灰砂浆的拌制可采用人工拌制或机械拌制。一般中型以上工程均采用机械搅拌。机械搅拌可采用纸筋灰搅拌机和灰浆搅拌机。

搅拌不同种类的砂浆应注意不同的加料顺序。拌制水泥砂浆时应先将水与砂子共拌，然后按配合比加入水泥，继续搅拌至均匀、颜色一致、稠度达到要求为止。拌和混合砂浆或石灰砂浆应先加入少量水及少量砂子和全部石灰膏，拌制均匀后，再加入适量的水和砂子继续拌和,待砂浆颜色一致、稠度合乎要求为止。搅拌时间一般不少于 2 min。聚合物水泥砂浆一般宜先将水泥砂浆搅拌好,然后按配合比规定的数量把聚乙烯醇缩甲醛胶(107 胶)按 1∶2 的比例用水稀释后加入,继续搅拌至充分混合。

2. 砂浆配合比

一般抹灰常用砂浆的配合比及应用范围可参考表 6-1。

表 6-1　一般抹灰常用砂浆配合比及应用范围参数表

材　料	配合比(体积比)	应用范围
石灰∶沙	1∶2～1∶4	用于砖石墙表面(檐口、勒脚、女儿墙以及潮湿房间的堆除外)
水泥∶石灰∶沙	1∶0.3∶3～2∶1∶6	墙面混合砂浆打底
水泥∶石灰∶沙	1∶0.5∶1～1∶1∶4	混凝土页脚抹混合砂浆打底
水泥∶石灰∶沙	1∶0.5∶4～1∶3∶9	板条天棚抹灰
石灰∶石膏∶沙	1∶2∶2～1∶2∶4	用于不潮湿房间的线脚及其他装饰工程
石灰∶水泥∶沙	1∶0.5∶4.5～1∶1∶6	用于檐口、勒脚、女儿墙以及比较潮湿处
水泥∶沙	1∶3～1∶2.5	用于浴室、潮湿车间等墙裙、勒脚等或地面基层
水泥∶沙	1∶2～1∶1.5	用于地面、天棚或墙面面层
水泥∶沙	1∶0.5～1∶1	用于混凝土地面随时压光
水泥∶石膏∶沙∶锯末	1∶1∶3∶5	用于吸音粉刷
水泥∶白石子	1∶2.5～1∶1	用于水磨石(底层用 1∶2.5 水泥砂浆)
水泥∶白石子	1∶(1.5～2)	用于水刷石(打底用 1∶0.5∶4)
水泥∶石子	1∶1.5	用于斩假石(打底用 1∶2～1∶2.5)
白灰∶麻刀	100∶2.5(重量比)	用于木板条天棚底层
白灰膏∶麻刀	100∶1.3(重量比)	用于木板天棚面层(或 100 kg 灰膏加 3.8 kg 纸筋)
纸筋∶白灰膏	灰膏 0.1 m³,纸筋 0.36 kg	较高级墙面天棚

3. 砂浆强度

砂浆在砌体中起着传递压力,保证砌体整体黏结力的作用。在抹灰中则要求砂浆的性能与基层有牢固的黏结力,在自重及外力作用下不产生起壳和脱落的现象,故砂浆应具有一定的强度。

砂浆的强度以抗压强度为主要指标。测试方法是以立方体试件在温度为 20 ℃±3 ℃,相对湿度为 90% 以上养护 28 天。然后进行破坏试验求得极限抗压强度,并以此确定砂浆的标号。目前,常用砌筑砂浆的标号有 M15、M10、M7.5、M5、M2.5、M1 和 M0.4,相应的强度指标参数,如表 6-2 所示。

表 6-2 砂浆强度等级

强度等级	抗压极限强度
M15	15.0/MPa
M10	10/MPa
M7.5	7.5/MPa
M5	5/MPa
M2.5	2.5/MPa
M1	1/MPa
M0.4	0.4/MPa

6.2.3 抹灰工程用工机具

抹灰工实训常用工机具有(图 6-2):

(1) 铁抹子:用于基层打底和罩面层灰、收光。

(2) 木抹子:用于搓平底层灰表面。

(3) 托灰板:用于抹灰时承托砂浆。

(4) 阴角抹子:用于压光阴角,分尖角和小圆角两种。

(5) 阳角抹子:用于大墙阳角、柱、梁、窗口、门口等处阳角直光。

(6) 靠尺:用于抹灰时制作阳角和线角,分方靠尺(横截面为矩形)、一面八字尺和双面八字尺。使用时还需配以固定靠尺的钢筋卡子,钢筋卡子常用直径 8 m 钢筋制作。

(7) 刮尺:用于墙面或地面找平刮灰。

(8) 托线板:用于挂垂直,板的中间有标准线,附有线坠。

(9) 软毛刷子:用于室内外抹灰酒水。

(10) 钢丝刷:用于清刷基层。

(11) 滚筒:用于滚压各种抹灰地面面层。

(12) 铁锹:用于搅拌、装卸砂浆和灰膏,分平顶和尖顶两种。

(13) 灰耙子:用于搅拌砂浆和灰膏。

(14) 灰勺:用于抹灰时舀挖砂浆。

(15) 灰车:用于运输砂浆和灰浆。

(16) 灰桶:用于临时贮存砂浆和灰浆。

(17) 筛子:用于筛分沙子,常用筛子的筛孔有 10 mm、8 mm、5 mm、3 mm、1.5 mm、1 mm 六种。

(18) 砂浆搅拌机:用于搅拌各种砂浆,常用的有 200 L 和 325 L。

抹子是将灰浆施于抹灰面上的主要工具,有铁抹子、钢皮抹子、压子、塑料抹子、木抹子、阴阳角抹子等若干种,分别用于抹制底层灰、面层灰、压光、搓平压实、阴阳角压光等抹灰操作。

（a）铁抹子　　　（b）木抹子　　　（c）托灰板　　　（d）靠尺

托线板

（e）刮尺　　　（f）托线板　　　（g）阳角抹子　　　（h）阳角抹子

（i）滚筒　　　（j）钢丝刷　　　（k）灰勺　　　（l）灰桶

（i）筛子　　　（j）砂浆搅拌机　　　（k）灰车

图 6-2　常用机具

　　木杠、刮尺、靠尺、靠尺板、方尺、托线板等，分别用于抹灰层的找平、做墙面楞角、测阴阳角的方正和靠吊墙面的垂直度。其中托线板的构造如图 6-3 所示。使用时将板的侧边靠紧墙面，根据中悬垂线偏离下端取中缺口的程度，即可确定墙面的垂直度及偏差。托线板也可用铝合金方通制作。

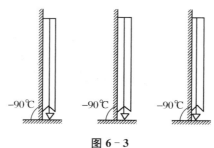

图 6-3

毛刷、钢丝刷、茅草把、喷壶、水壶、弹线墨斗等,分别用于抹灰面的洒水、清刷基层、木抹子搓平时洒水及墙面洒水、浇水。

6.3 抹灰工程基本操作步骤

一般抹灰的施工顺序,一般应遵循"先室外后室内、先上面后下面、先顶棚后墙地"的原则。

6.3.1 内墙一般抹灰

内墙一般抹灰操作的工艺流程为:基体表面处理→浇水润墙→设置标筋→阳角做护角→抹底层、中层灰→窗台板、踢脚板或墙裙→抹面层灰→清理。

下面介绍各主要工序的施工方法及技术要求。

1. 基体表面处理

为使抹灰砂浆与基体表面黏结牢固,防止抹灰层产生空鼓、脱落,抹灰前应对基体表面的灰尘、污垢、油渍、碱膜、跌落砂浆等进行清除。对墙面上的孔洞、剔槽等用水泥砂浆进行填嵌。门窗框与墙体交接处缝隙应用水泥砂浆或混合砂浆分层嵌堵。

不同材质的基体表面应相应处理,以增强其与抹灰砂浆之间的黏结强度。光滑的混凝土基体表面应凿毛或刷一道素水泥浆(水灰比为 0.37~0.4),如设计无要求,可不抹灰,用刮腻子处理;板条墙体的板条间缝不能过小,一般以 8~10 mm 为宜,使抹灰砂浆能挤入板缝空隙,保证灰浆与板条的牢固嵌接;加气混凝土砌块表面应清扫干净,并刷一道 107 胶的 1:4 的水溶液,以形成表面隔离层,缓解抹面砂浆的早期脱水,提高黏结强度;木结构与砖石砌体、混凝土结构等相接处,应先铺设金属网并绷紧牢固,金属网与各基体间的搭接宽度每侧不应小于 100 mm。

2. 设置标筋

为有效地控制抹灰厚度,特别是保证墙面垂直度和整体平整度,在抹底、中层灰前应设置标筋作为抹灰的依据。

设置标筋即找规矩,分为做灰饼和做标筋两个步骤。

做灰饼前,应先确定灰饼的厚度。先用托线板和靠尺检查整个墙面的平整度和垂直度,根据检查结果确定灰饼的厚度,一般最薄处不应小于 7 mm。先在墙面距地 1.5 m 左右的高度距两边阴角 100~200 mm 处,按所确定的灰饼厚度用抹灰基层砂浆各做一个 50 mm×50 mm 见方的矩形灰饼,然后用托线板或线锤在此灰饼面吊挂垂直,做上下对应的两个灰饼。上方和下方的灰饼应距顶棚和地面 150~200 mm 左右,其中下方的灰饼应在踢脚板上口以上。随后在墙面上方和下方的左右两个对应灰饼之间,用钉子钉在灰饼外侧的墙缝内,以灰饼为准,在钉子间拉水平横线,沿线每隔 1.2~1.5 m 补做灰饼,如图 6-4 所示。

标筋是以灰饼为准在灰饼间所做的灰埂,作为

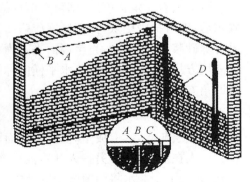

图 6-4

抹灰平面的基准。具体做法是用与底层抹灰相同的砂浆在上下两个灰饼间先抹一层,再抹第二层,形成宽度为 100 mm 左右,厚度比灰饼高出 10 mm 左右的灰埂,然后用木杠紧贴灰饼搓动,直至把标筋搓得与灰饼齐平为止。最后要将标筋两边用刮尺修成斜面,以便与抹灰面接槎顺平。标筋的另一种做法是采用横向水平标筋。此种做法与垂直标筋相同。同一墙面的上下水平标筋应在同一垂直面内。标筋通过阴角时,可用带垂球的阴角尺上下搓动,直至上下两条标筋形成相同且角顶在同一垂线上的阴角。阳角可用长阳角尺同样合在上下标筋的阳角处搓动,形成角顶在同一垂线上的标筋阳角。水平标筋的优点是可保证墙体在阴、阳转角处的交线顺直,并垂直于地面,避免出现阴、阳交线扭曲不直的弊病。同时水平标筋通过门窗框,有标筋控制,墙面与框面可接合平整。横向水平标筋如图 6-5 所示。

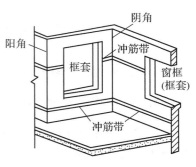

图 6-5　标筋示意

3. 做护角

为保护墙面转角处不易遭碰撞损坏,在室内抹面的门窗洞口及墙角、柱面的阳角处应做水泥砂浆护角。图 6-6 为护角示意图。护角高度一般不低于 2 m,每侧宽度不小于 50 mm。具体做法是先将阳角用方尺规方,靠门框一边以门框离墙的空隙为准,另一边以墙面灰饼厚度为依据。最好在地面上划好准线,按准线用砂浆粘好靠尺板,用托线板吊直,方尺找方。然后在靠尺板的另一边墙角分层抹 1:2 水泥砂浆,与靠尺板的外口平齐。然后把靠尺板移动至已抹好护角的一边,用钢筋卡子卡住,用托线板吊直靠尺板,把护角的另一面分层抹好。取下靠尺板,待砂浆稍干时,用阳角抹子和水泥素浆捋出护角的小圆角,最后用靠尺板沿顺直方向留出预定宽度,将多余砂浆切出 400 斜面,以便抹面时与护角接槎。

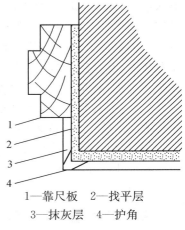

1—靠尺板　2—找平层
3—抹灰层　4—护角
图 6-6　护角示意图

4. 抹底层、中层灰

待标筋有一定强度后,即可在两标筋间用力抹上底层灰,用木抹子压实搓毛。待底层灰收水后,即可抹中层灰,抹灰厚度应略高于标筋。中层抹灰后,随即用木杠沿标筋刮平,不平处补抹砂浆,然后再刮,直至墙面平直为止。紧接着用木抹子搓压,使表面平整密实。阴角处先用方尺上、下核对方正(水平横向标筋可免去此步),然后用阴角器上、下抽动扯平,使室内四角方正为止。

5. 抹面层灰

待中层灰有六、七成干时,即可抹面层灰。操作一般从阴角或阳角处开始,自左向右进行。一人在前抹面灰,另一人其后找平整,并用铁抹子压实赶光。阴、阳角处用阴、阳抹子捋光,并用毛刷蘸水将门窗圆角等处刷干净。高级抹灰的阳角必须用拐尺找方。

6.3.2 外墙一般抹灰以及顶棚抹灰

外墙一般抹灰的工艺流程为:基体表面处理→浇水润墙→设置标筋→抹底层、中层灰→弹分格线,嵌分格条→抹面层灰→ 起分格条→养护。

外墙抹灰的做法与内墙抹灰大部分相似,下面只介绍其特殊的几点。

1. 抹灰顺序

外墙抹灰应先上部后下部,先檐口再墙面。大面积的外墙可分块同时施工。

高层建筑的外墙面可在垂直方向适当分段,如一次抹完有困难,可在阴、阳角交接处或分格线处间断施工。

2. 嵌分格条,抹面层灰及分格条的拆除

待中层灰六、七成干后,按要求弹分格线。分格条为梯形截面,浸水湿润后两侧用黏稠的素水泥浆与墙面抹成 45°角粘接。嵌分格条时,应注意横平竖直,接头平直。如当天不抹面层灰,分格条两边的素水泥浆应与墙面抹成 60°角。

面层灰应抹得比分格条略高一些,然后用刮杠刮平,紧接着用木抹子搓平,待稍干后再用刮杠刮一遍,用木抹子搓磨出平整、粗糙、均匀的表面。

面层抹好后即可拆除分格条,并用素水泥浆把分格缝勾平整。如果不是当即拆除分格条,则必须待面层达到适当强度后才可拆除。

顶棚抹灰一般不设置标筋,只需按抹灰层的厚度在墙面四周弹出水平线作为控制抹灰层厚度的基准线。若基层为混凝土,则需在抹灰前在基层上用掺 10%107 胶的水溶液或水灰比为 0.4 的素水泥浆刷一遍作为结合层。抹底灰的方向应与楼板及木模板木纹方向垂直。抹中层灰后用木刮尺刮平,再用木抹子搓平。面层灰宜两遍成活,两道抹灰方向垂直,抹完后按同一方向抹压赶光。顶棚的高级抹灰应加钉长 350~450 mm 的麻束,间距为 400 mm,并交错布置,分别按放射状梳理抹进中层灰浆内。

6.3.3 装饰抹灰

装饰抹灰除具有与一般抹灰相同的功能外,主要是装饰艺术效果更加鲜明。装饰抹灰的底层和中层的做法与一般抹灰基本相同,只是面层的材料和做法有所不同。

装饰抹灰面层所用的材料有彩色水泥、白水泥和各种颜料及石粒,石粒中较为常用的是大理石石粒,具有多种色泽。

1. 水磨石

现制水磨石一般适用于地面施工,墙面水磨石通常采用水磨石预制贴面板镶贴。

地面现制水磨石的施工工艺流程为:基层处理→抹底、中层灰→弹线,贴镶嵌条→抹面层石子浆→水磨面层→涂草酸磨洗→打蜡上光。

(1)弹线,贴镶嵌条

在中层灰验收合格相隔 24 h 后,即可弹线并镶嵌条。嵌条可采用玻璃条或铜条。玻璃条规格为宽×厚=10 mm×3 mm,铜条规格为宽×厚=10 mm×(1~1.2)mm。镶嵌条时,先用靠尺板与分格线对齐,将其压好,然后把嵌条与靠尺板贴紧,用素水泥浆在嵌条另一侧根部抹成八字形灰埂,其灰浆顶部比嵌条顶部低 3 mm 左右。然后取下靠尺板,在嵌条另一侧抹上对称的灰堆,如图6-7所示。

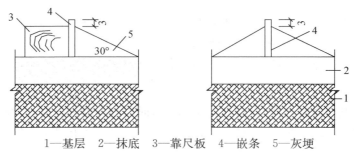

1—基层　2—抹底　3—靠尺板　4—嵌条　5—灰堆

图6-7　弹线,贴镶嵌条

（2）抹水泥石子浆

将嵌条稳定好,浇水养护3～5 d后,抹水泥石子面层。具体操作为:清除地面积水和浮灰,接着刷素水泥浆一遍,然后铺设面层水泥石子浆,铺设厚度高于嵌条1～2 mm。铺完后,在表面均匀撒一层石粒,拍实压平,用滚筒压实,待出浆后,用抹子抹平,24 h后开始养护。

（3）磨光

开磨时间以石粒不松动为准。通常磨四遍,使全部嵌条外露。第一遍磨后将泥浆冲洗干净,稍干后擦同色水泥浆,养护2～3 d。第二遍用100～150号金刚砂洒水后将表面磨至平滑,用水冲洗后养护2 d。第三遍用180～240号金刚砂或油石洒水后磨至表面光亮,用水冲洗擦干。第四遍在表面涂擦草酸溶液(草酸溶液为热水:草酸=1:0.35质量比,冷却后备用),再用280号油石细磨,直至磨出白浆为止。冲洗后晾干,待地面干燥后进行打蜡。

水磨石的外观质量要求为:表面平整、光滑,石子显露均匀,不得有砂眼、磨纹和漏磨,嵌条位置准确,全部露出。

2. 水刷石

水刷石是常用的一种外墙装饰抹灰。面层材料的水泥可采用彩色水泥、白水泥或普通水泥。颜料应选耐碱、耐光、分散性好的矿物颜料。骨料可选用中、小八厘石粒,玻璃碴、粒砂等,骨料颗粒应坚硬、均匀、洁净、色泽一致。

水刷石的施工工艺流程:基层处理→抹底、中层灰→弹线,贴分格条→抹面层石子浆→冲刷面层→起分格条及浇水养护。

（1）抹面层石子浆

待中层砂浆初凝后,酌情将中层抹灰层润湿,马上用水灰比为0.4的素水泥浆满刮一遍,随即抹面层石子浆。石子浆面层稍收水后,用铁抹子把面层浆满压一遍,把露出的石子棱尖轻轻拍平,然后用刷子蘸水刷一遍,再通压一遍。如此反复刷压不少于三遍,最后用铁抹子拍平,使表面石子大面朝外,排列紧密均匀。

（2）冲刷面层

冲刷面层是影响水刷石质量的关键环节。此工序应待面层石子浆刚开始初凝时进行(手指按上去不显指痕,用刷子刷表面石粒不掉)。冲刷分两遍进行,第一遍用软毛刷蘸水刷掉面层水泥浆,露出石粒。第二遍紧跟着用喷雾器向四周相邻部位喷水,把表面水泥浆冲掉,石子外露约为1/2粒径,使石子清晰可见,均匀密布。喷水顺序应由上至下,喷水压力要合适,且应均匀喷洒。喷头离墙10～20 cm。前道工序完成后用清水(水管或水壶)从上到下冲净表面。冲刷的时间要严格掌握,过早或过度则石子显露过多,易脱落;冲刷过晚则水泥浆冲刷不净,石子显露不够或饰面浑浊,影响美观。冲刷的顺序应由上而下分段进行,一般以每个分格线为界。为保护未喷刷的墙面面层,冲刷上段时,下段墙面可用牛皮纸或塑料布贴盖,将冲刷的水泥浆外排。若墙面面积较大,则应先罩面先冲洗,后罩面后冲洗。罩面顺序也是先上后下,这样既可保证各部分的冲刷时间,又可保护下段墙面不受到损坏。

（3）起分格条

冲刷面层后,适时起出分格条,用小线抹子顺线溜平,然后根据要求用素水泥浆做出凹缝并上色。

水刷石的外观质量要求是石粒清晰,分布均匀,紧密平整,色泽一致,不得有掉粒和接槎痕迹。

3. 斩假石

斩假石是一种在硬化后的水泥石子浆面层上用斩斧等专用工具斩琢,形成有规律剁纹的一种装饰抹灰方法。其骨料宜采用小八厘或石屑,成品的色泽和纹理与细琢面花岗石或白云石相似。

斩假石的施工工艺流程:基层处理→抹底、中层灰→弹线,贴分格条→抹面层水泥石子浆→养护→斩剁面层。

（1）抹面层

在已硬化的水泥砂浆中层（1∶2 水泥砂浆）上洒水湿润,弹线并贴好分格条,用素水泥浆刷一遍,随即抹面层。面层石粒浆的配比为 1∶1.25 或 1∶1.5,稠度为 5～6 cm,骨料采用 2 mm 粒径的米粒石,内掺 0.3 mm 左右粒径的白云石屑。面层抹面厚度为 12 mm,抹后用木抹子打磨拍平,不要压光,但要拍出浆,随势上下溜直,每分格区内一次抹完。抹完后,随即用软毛刷蘸水顺剁纹的方向把水泥浆轻刷掉露出石粒。但注意不要用力过重,以免石粒松动。抹完 24 h 后浇水养护。

（2）斩剁面层

在正常温度（15～30℃）下,面层养护 2～3 d 后即可试剁,试剁时以石粒不脱掉、较易剁出斧迹为准。采用的斩剁工具有斩斧、多刃斧、花锤、扁凿、齿凿、尖锥等。斩剁的顺序一般为先上后下、由左至右,先剁转角和四周边缘,后剁大面。斩剁前应先弹顺线,相距约10 cm,按线斩剁,以免剁纹跑斜。剁纹深度一般以 1/3 石粒粒径为宜。为了美观,一般在分格缝和阴、阳角周边留出 15～20 mm 的边框线不剁。斩剁完后,墙面应用清水冲刷干净,起出分格条,用钢丝刷刷净分格缝处。按设计要求,可在缝内做凹缝并上色。

斩假石的外观质量标准是:剁纹均匀顺直,深浅一致,不得有漏剁处。阳角处横剁或留出不剁的边条应宽窄一致,棱角不得有损坏。

以上介绍的三种装饰抹灰的共同特点是采用适当的施工方法,显露出面层中的石粒,以呈现天然石粒的质感和色泽,达到装饰目的。所以此类装饰抹灰又称为石碴类装饰抹灰。该类装饰抹灰还有干粘石、扒拉石、拉假石、喷粘石等做法。

4. 拉条灰

拉条灰是以砂浆和灰浆做面层,然后用专用模具在墙面拉制出凹凸状平行条纹的一种内墙装饰抹灰方法。这种装饰抹灰墙面广泛用于剧场、展览厅等公共建筑物做吸声墙面。

拉条灰的施工工艺流程：基层处理→抹底、中层灰→弹线，贴拉模轨道→抹面层灰→拉条→取木轨道，修整饰面。

（1）弹线，贴轨道

轨道是由断面为 8 mm×20 mm 的杉木条制成，其作用是作为拉灰模具的竖向滑行控制依据。具体做法是弹出轨道的安装位置线（即横向间隔线），用黏稠的水泥浆将木轨道依线粘贴。

轨道应垂直平行，轨面平整。

（2）抹面层灰，拉条

待木轨道安装牢固后，润湿墙面，刷一道 1∶0.4 的水泥净浆，紧跟着抹面灰并拉条成型。面层灰根据所拉灰条的宽窄、配比有所不同，一般窄条形拉条灰灰浆配比为水泥∶细纸筋石灰膏∶砂＝1∶0.5∶2；宽条形拉条灰面层灰浆分层采用两种配比，第一层（底层）采用混合砂浆，配比为水泥∶纸筋石灰膏∶砂＝1∶0.5∶2.5，第二层（面层）采用纸筋水泥石灰膏，配比为水泥∶细纸筋石灰膏＝1∶0.5。操作时用拉条模具靠在木轨道上，从上至下多次上浆拉动成型。操作面不论多高都要一次完成。墙面太高时可搭脚手步架，各层站人，逐级传递拉模，做到换人不换模，使灰条上下顺直，表面光滑密实。做完面层后，取下木轨道，然后用细纸筋石灰浆搓压抹平，使其无接槎，光滑通顺。面层完全干燥后，可按设计要求用涂料刷涂面层。

拉条灰的模具和成型后的墙面如图 6-8 所示。

拉条灰的外观质量标准为：拉条清晰顺直，深浅一致，表面光滑洁净，上下端头齐平。

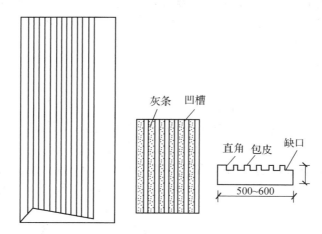

灰条　凹槽

直角　包皮　缺口

500~600

图 6-8　拉条灰的模具和成型后的墙面

5. 拉毛灰

拉毛灰是在尚未凝结的面层灰上用工具在表面触拉，靠工具与灰浆间的黏结力拉出大小、粗细不同的凸起毛头的一种装饰抹灰方法，可用于有一定声学要求的内墙面和一般装饰的外墙面。

拉毛灰的施工工艺流程：基层处理→抹底层灰→弹线，粘贴分格条→抹面层灰，拉毛→养护。

（1）抹底层灰

底层灰分室内和室外两种，室内一般采用1∶1.6 水泥石灰混合砂浆，室外一般采用1∶2 或 1∶3 水泥砂浆。抹灰厚度为 10～13 mm，灰浆稠度为 8～11 cm，抹后表面用木抹子搓毛，以利于与面层的黏结。

（2）抹面层灰，拉毛

待底层灰 6～7 成干后即可抹面层灰和拉毛，两操作应连续进行，一般一人在前抹面层灰，另一人在后紧跟拉毛。拉毛分拉细毛、中毛、粗毛三种，每一种所采用的面层灰浆配比、拉毛工具及操作方法都有所不同。一般小拉毛灰采用水泥∶石灰膏＝1∶（0.1～0.2）的灰膏，而大拉毛灰采用水泥∶石灰膏＝1∶（0.3～0.5）的灰膏。为抑制干裂，通常可加入适量的砂子和纸筋。同时应掌握好其稠度，太软易流浆，拉毛变形；太硬又不易拉毛操作，也不易形成均匀一致的毛头。

拉细毛时，采用白麻缠绕的麻刷，正对着墙面抹灰面层一点一拉，靠灰浆的塑性和麻刷与灰膏间的粘附力顺势拉出毛头。拉中毛时，采用硬棕毛刷，正对墙面放在面层灰浆上，粘着后顺势拉出毛头。拉粗毛时，采用平整的铁抹子，轻按在墙面面层灰浆上，待有吸附感觉时，顺势慢拉起铁抹子，即可拉出毛头。拉毛灰要注意"轻触慢拉"，用力均匀，快慢一致，切忌用力过猛，提拉过快，致使露出底灰。如发现拉毛大小不均，应及时抹平重拉。为保持拉毛均匀，最好在一个分格内由一人操作。应及时调整花纹、斑点的疏密。

拉毛灰的外观质量标准为：花纹、斑点分布均匀，不显接槎。

6. 洒毛灰

洒毛灰所用的材料、操作工艺与拉毛灰基本相同，只是面层采用 1∶1 的彩色水泥砂浆，用茅草、竹丝或高粱穗绑成 20 cm 长、手握粗细适宜的小帚，将砂浆泼洒到中层灰面上。操作时由上往下进行，要用力均匀，每次蘸用的砂浆量、洒向墙面的角度和与墙面的距离都要一样。如几个人同时操作，应先试洒，要求操作人员的手势做法基本一致，出入较大时应相互协调，以保证形成均匀呈云朵状的粒状饰面。也可使中层抹灰带有颜色，然后不均匀地洒上面层砂浆，并用抹子轻轻压平，使表面局部露底，形成带色底层与洒毛灰纵横交错的饰面。

洒毛灰的外观质量标准和质量允许偏差同拉毛灰。

除以上介绍的几种装饰抹灰外，还有采用聚合物水泥砂浆的喷涂、滚涂、弹涂等装饰抹灰。这几种装饰抹灰是利用专用喷枪、喷斗或滚/弹涂工具将聚合物水泥（彩色）砂浆施于墙面的中层灰面层上，形成粒状、波状面层或大小、颜色不一的色点或拉毛，也是极富特色的一类饰面抹灰方法。

6.4　抹灰工程质量技术要求

6.4.1　一般抹灰质量技术要求

1. 一般抹灰的质量标准

一般抹灰面层的外观质量应符合下列规定：

（1）普通抹灰：表面光滑、洁净，接槎平整。

（2）中级抹灰：表面光滑、洁净，接槎平整，灰线清晰平直。

（3）高级抹灰：表面光滑、洁净，颜色均匀，无抹纹，灰线平直方正、清晰美观。

抹灰工程的面层不得有爆灰和裂缝。各抹灰层之间及抹灰层与基体间应粘接牢固，不得有脱层、空鼓等缺陷。一般抹灰工程质量的允许偏差应符合表 6-1 的规定。

表 6-1

项次	项 目	允许偏差/mm		检验方法
		普通抹灰	高级抹灰	
1	立面垂直度	4	3	垂直检测尺检查
2	表面平整度	4	3	靠尺和塞尺检查
3	阴阳角方正	4	3	用直角检测尺检查
4	分格条（缝）直线度	4	3	拉 5 m 线，不足 5 m 通线用钢直尺检查
5	墙裙勒脚上口直线度	4	3	拉 5 m 线，不足 5 m 线用钢直尺检查

2. 材料质量要求

抹灰工程采用的砂浆品种，应按设计要求选用，如设计无要求，应符合下列规定：

（1）外墙门窗洞口的外侧壁、屋檐、勒脚、压檐墙等的抹灰：水泥砂浆或水泥混合砂浆；

（2）湿度较大的房间和车间的抹灰：水泥砂浆或水泥混合砂浆；

（3）混凝土板和墙的底层抹灰：水泥混合砂浆或水泥砂浆；

（4）硅酸盐砌块的底层抹灰：水泥混合砂浆；

（5）板条、金属网顶棚和墙的底层和中层抹灰：麻刀石灰砂浆或纸筋石灰砂浆；

（6）加气混凝土块和板的底层抹灰：水泥混合砂浆或聚合物水泥砂浆。

石灰膏应用块状生石灰淋制，淋制时必须用孔径不大于 3 mm×3 mm 的筛过滤，并贮存在沉淀池中。熟化时间，常温下一般不少于 15 天；用于罩面时，不应少于 30 天。使用时，石灰膏内不得含有未熟化的颗粒和其他杂质。

在沉淀池中的石灰膏应加以保护，防止其干燥、冻结和污染。冻结而风化、干硬的石灰膏不得使用。

抹灰用的砂子应过筛，不得含有杂物。装饰抹灰用的骨料（石粒、砾石等），应耐光、坚硬，使用前必须冲洗干净。干粘石用的石粒应干燥。

抹灰用的膨胀珍珠岩，宜采用中级粗细粒径混合级配，容重为 80～150 kg/m³。

抹灰用的黏土、炉渣应洁净，不得含有杂质。黏土应选用亚黏土，并加水浸透；炉渣应过筛，粒径不应大于 3 mm，并加水焖透。

抹灰用的纸筋应浸透、捣烂、洁净；罩面纸筋宜机碾磨细。稻草、麦秸、麻刀应坚韧、干燥，不含杂质，其长度不得大于 30 mm。稻草、麦秸应经石灰浆浸泡处理。

掺入装饰砂浆的颜料应用耐碱、耐光的矿物颜料。

3. 一般抹灰的注意事项

（1）必须经过有关部门进行结构工程质量验收，合格后方可进行抹灰工程。并弹好 50 cm

水平线。

（2）抹灰前，应检查门窗框位置是否正确，与墙连接是否牢固。连接处缝隙应用 1∶3 水泥砂浆分层嵌塞密实，若缝隙较大时，应在砂浆中掺入少量麻刀嵌塞密实。门口钉设板条或铁皮保护。铝合金门窗框边缝所用嵌缝材料应符合设计要求，且堵塞密实，并事先粘贴好保护膜。

（3）抹灰前，砖石、混凝土等基体表面的灰尘、污垢和油渍等，应清除干净，并洒水湿润。抹灰前应检查基体表面的平整，以决定其抹灰厚度。抹灰前应在大角的两面、阳台、窗台、旋脸两侧弹出抹灰层的控制线，以作为打底的依据。

平整光滑的混凝土表面，如设计无要求时，可不抹灰，用刮腻子处理。

（4）抹灰砂浆的配合比和稠度等应经检查合格后，方可使用。水泥砂浆及掺有水泥或石膏拌制的砂浆，应控制在初凝前用完。砂浆中掺用外加剂时，其掺入量应由试验确定。

（5）木结构与砖石结构、混凝土结构等相接处基体表面的抹灰，应先铺钉金属网，并绷紧牢固。金属网与各基体的搭接宽度不应小于 100 mm。

（6）室内墙面、柱面的阳角和门洞口的阳角，宜用 1∶2 水泥砂浆做护角，其高度不应低于 2 m，每侧宽度不小于 50 mm。

（7）室内抹灰工程，应待上下水、煤气等管道安装后进行。抹灰前必须将管道穿越的墙洞和楼板洞填嵌密实。散热器和管道等背后的墙面抹灰，宜在散热器和管道安装前进行，抹灰面接槎应顺平。

（8）墙、顶抹灰前应做完上一层地面及本层地面。

（9）底层砂浆与中层砂浆的配合比应基本相同。

（10）中层砂浆的强度不能高于底层，底层砂浆的强度不能高于基层，以免砂浆凝结过程中产生较大的收缩应力，破坏强度较低的底层或基层，使抹灰层产生开裂、空鼓或脱落。一般混凝土基层上不能直接抹石灰砂浆，而水泥砂浆也不得抹在石灰砂浆层上。

（11）外檐窗台、窗楣、雨篷、阳台、压顶和突出腰线等，上面应做流水坡度，下面应做滴水线或滴水槽，其深度和宽度均应小于 10 mm，并应整齐一致。

（12）管道穿越的墙洞和楼板洞，应及时安放套管，并用 1∶3 水泥砂浆或豆石混凝土堵塞密实；电线管、消火栓箱、配电箱安装完毕，并将背后露明部分钉好钢丝网；接线盒用纸堵严。

（13）根据室内高度和抹灰现场的具体情况，提前搭好抹灰操作用的高凳和架子，架子要离开墙面及墙角 200～250 mm，以利操作。

（14）抹灰前用笤帚将顶、墙清扫干净，如有油渍或粉状隔离剂，应用 10% 火碱水刷洗，清水冲净，或用钢丝刷子彻底刷干净。

4. 混凝土顶板抹水泥砂浆、混合砂浆。

（1）搭脚手架：铺好脚手板后，约距顶板高 1.8 m 左右。

（2）基层处理：首先将凸出的混凝土剔平，对钢模施工的混凝土顶应凿毛，并用钢丝刷满刷一遍，再浇水湿润。如果基层混凝土表面很光滑，亦可采取"毛化处理"办法，即先将表面尘土、污垢清扫干净，用 10% 火碱水将顶面的油污刷掉，随之用清水将碱液冲净、晾干；然后用 1：1 水泥细砂浆内掺用水量 20％的 107 胶,喷或用笤帚将砂浆甩到顶上,其甩点要均匀,终凝后浇水养护,直至水泥砂浆疙瘩全部粘满混凝土光面上,并有较高的强度(用手掰不动)为止。

(3) 弹线、套方、找规矩:根据 50 cm 水平线找出靠近顶板四周的水平线,作为顶板抹灰水平控制线。

(4) 抹底灰:在顶板混凝土湿润的情况下,先刷 107 胶素水泥浆一道(内掺用水量 10％的 107 胶,水灰比为 0.4～0.5),随刷随打底;底灰采用 1：3 水泥砂浆(或 1：0.3：3 混合砂浆)打底,厚度为 5 mm,操作时需用力压,以便将底灰挤入顶板细小孔隙中;用软刮尺刮抹顺平,用木抹子搓平搓毛。

(5) 抹罩面灰:待底灰约六、七成干时,即可进行抹罩面灰;罩面灰采用 1：2.5 水泥砂浆或 1：0.3：2.5 水泥混合砂浆,厚度为 5 mm。抹时先将顶面湿润,然后薄薄地刮一道使其与底层灰抓牢,紧跟抹第二遍,横竖均顺平,用铁抹子压光、压实。

5. 混凝土顶板抹混合砂浆纸筋灰罩面

(1) 抹底灰:在顶板混凝土湿润的情况下,先刷 107 胶素水泥浆一道(内掺用水量 10％的 107 胶),随刷随打底;底灰采用 1：0.5：1 水泥石灰膏砂浆打底,厚度为 2 mm,操作时需用力压,将底灰挤入顶板细小孔隙中。

(2) 抹中层灰:抹底灰后紧跟抹第二遍 1：3：9 混合砂浆,中层灰厚度为 6 mm 左右,抹完后用软刮尺刮抹顺平,用木抹子搓平。

(3) 抹纸筋罩面灰:待第二遍灰至六、七成干时,即可抹罩面灰;罩面灰分二遍成活,约 2 mm 厚。第一遍罩面灰越薄越好;紧跟抹第二遍,要找平;待罩面灰稍干,再用塑料抹子顺抹纹压实、压光。

6. 混凝土墙面抹水泥砂浆

(1) 基层处理:同混凝土顶板抹水泥砂浆。

(2) 吊直、套方、找规矩、贴灰饼:根据基层表面平整、垂直情况,经检查后确定抹灰层厚度(按图纸要求分普通、中级、高级),但最少不应小于 7 mm。墙面凹度较大时要分层操作。用线坠、方尺、拉通线等方法贴灰饼,用托线板找好垂直,下灰饼也作为踢脚板依据。灰饼宜用 1：3 水泥砂浆做成 5 cm 见方,水平距离约为 1.2～1.5 m。

(3) 墙面冲筋(设置标筋):根据灰饼用与抹灰层相同的 1：3 水泥砂浆冲筋(标筋),冲筋的根数应根据房间的高度或宽度来决定,筋宽约 5 cm。

(4) 做护角:根据灰饼和冲筋,首先应把门窗口角和墙面、柱面阳角抹出水泥护角;用 1：3 水泥砂浆打底,待砂浆稍干后,再用素水泥膏抹成小圆角。也可用 1：2 水泥砂浆或 1：0.3：2.5 水泥混合砂浆做明护角,其高度不应低于 2 m,每侧宽度不小于 50 mm。在抹水泥护角的同时,用 1：3 水泥砂浆或 1：1：6 水泥混合砂浆分二遍抹好门窗口边及碹脸底子灰。如门窗口边宽度小于 100 mm,也可在做水泥护角时一次完成。

(5) 抹水泥窗台板:先将窗台基层清理干净,把碰坏的和松动的砖重新用水泥砂浆修复好,用水浇透,然后用 1：2：3 豆石混凝土铺实,厚度不薄于 2.5 cm。次日再刷掺用水量 10％的 107 胶素水泥浆一道,紧跟着抹 1：2.5 水泥砂浆面层,压实、压光,浇水养护 2～3 d。

下口要求平直,不得有毛刺。

（6）抹底灰:一般应在抹灰前一天用水把墙面浇透,然后在混凝土墙面湿润的情况下,先刷 107 胶素水泥浆一道(内掺用水量 10% 的 107 胶),随刷随打底;底灰采用 1∶3 水泥砂浆(或 1∶0.3∶3 混合砂浆,水灰比为 0.4～0.5)打底,厚度为 13 mm,每遍厚度宜在 5～7 mm,应分层分遍与所冲筋抹平,用大杠刮平找直,木抹子搓平搓毛。

（7）抹水泥砂浆罩面灰:底层砂浆抹好后第二天,先将墙面湿润,即可进行抹罩面灰工作。罩面灰采用 1∶2.5 水泥砂浆或 1∶0.3∶2.5 水泥混合砂浆,厚度为 5～8 mm。抹灰时先薄薄地刮一道使其与底层灰抓牢,紧跟着抹第二遍,用大杠刮平找直,用铁抹子压实压光。

（8）抹水泥踢脚板或水泥墙裙:先刷掺用水量 10% 的 107 胶水泥素浆一道,紧跟着抹 1∶3 水泥砂浆底层,表面用木抹子搓毛,面层用 1∶2.5 水泥砂浆压光,凸出抹灰墙面 5～7 mm(要注意出墙厚度一致,上口平直、光滑)。

（9）抹完灰后注意喷水养护,防止空鼓裂缝。

7. 混凝土墙面抹混合砂浆、纸筋灰罩面

（1）做法同混凝土墙面抹水泥砂浆。

（2）抹底灰:一般应在抹灰前一天用水把墙面浇透,然后在混凝土墙面湿润的情况下,先刷 107 胶素水泥浆一道(内掺用水量 10% 的 107 胶),随刷随打底;底灰采用 1∶3∶9 水泥白灰膏砂浆打底,中级抹灰厚度为 7 mm(高级为 11 mm),每遍厚度宜在 5～7 mm,应分层分遍抹,用大杠刮平找直,木抹子搓平搓毛。

（3）抹中层砂浆:抹底灰后紧跟抹第二遍 1∶3∶9 水泥混合砂浆,中层灰厚度为 7 mm,接着用大杠刮平找直,用木抹子搓平,抹完灰后进行养护。然后用托线板全面检查中层灰是否垂直、平整,阴阳角是否方正、顺直,管后与阴角交接处、墙面与顶板交接处是否平整、光滑。踢脚板、水泥墙裙上口和散热器及管道背后等应及时清理干净。

（4）抹纸筋罩面灰:待中层灰约六、七成干时,即可开始抹纸筋罩面灰(如中层灰过干时,应充分浇水湿润)。罩面灰应二遍成活,厚度约 2 mm,最好两人同时操作,一人先薄薄刮一遍;另一人随即抹平。按照先上后下的顺序进行,再赶光压实,然后用钢抹子压一遍,最后用塑料抹子顺抹纹压光,随即用毛刷蘸水将罩面灰污染的门窗框等清刷干净。

6.4.2　抹灰工程冬期施工质量技术措施

（1）冬期施工,应采取保温措施。涂抹时,砂浆的温度不宜低于 5℃,环境温度一般为 +5℃,最低应保持 0℃ 以上。

一般只在初冬期间施工,严冬阶段不宜施工。

冬期施工为防止灰层早期受冻,保证操作,砂浆内不可掺入石灰膏,为保证灰浆的和易性,可掺入同体积的粉煤灰代替。比如 1∶1∶6 的水泥混合砂浆可改为水泥粉煤灰砂浆,配合比仍为 1∶1∶6。

（2）砂浆抹灰层硬化初期不得受冻。做油漆墙面的抹灰砂浆,其掺量应由试验确定。做油漆墙面的抹灰砂浆不得掺有食盐和氯化钙。

（3）用冻结法砌筑的墙，室内抹灰应待墙面解冻，方可进行。

冬期施工应事先对基层采取解冻措施，待其完全解冻后，而且室内温度保持在 5℃以上，方可进行室内墙、顶抹灰。不得在负温度和冻结的墙、顶抹灰。

（4）冬期施工，抹灰层可采用热空气或装烟囱的火炉加速干燥。采用热空气时，应设通风设备排除湿气。同时应设专人负责定时开关门窗，以便加强通风，排除湿气。

（5）雨期抹灰工程应采取防雨措施，防止抹灰层终凝前受雨淋而损坏。

（6）冬季施工，抹灰砂浆应采取保温措施。

涂抹时，砂浆温度不宜低于 5℃。砂浆抹灰硬化初期不得受冻，气温低于 5℃时，室外抹灰所用的砂浆可掺入混凝土防冻剂，其掺量由试验确定。作涂料墙面的抹灰砂浆中不得掺入含氯盐的防冻剂，以免引起涂层表面反碱、咬色。

6.4.3　抹灰工程的安全措施以及成品保护

1. 抹灰工程的安全措施

（1）室内抹灰使用的木凳、金属支架应搭设平稳牢固，脚手架跨度不得大于 2 m，不允许搭探头跳。架上堆放材料不得过于集中，在同一跨度内不应超过两人，操作时灰桶要放稳，刮灰尺条子要平放在跳板上。

（2）不准在门窗、暖气片、水暖管道、洗脸池等器物上搭设脚手架跳板、阳台部位粉刷，外侧必须挂设安全网，严禁踩踏脚手架的防护栏和阳台栏板上进行操作。在进行顶棚抹灰时，应注意防止灰浆溅入眼内造成工伤。

（3）采用竹片固定尺条子时，注意防止竹片弹出伤人，在用钢筋卡子固定尺条子时要注意卡子滑脱。

（4）外墙抹灰不准上、下同时作业，应采用交叉作业或采取隔断防护措施后方可施工。

（5）贴面使用的预制件、大理石、瓷砖等，应堆放整齐平稳，边用边运，安装要稳拿稳放，待灌浆凝固稳定后方可拆除临时支撑。切割大理石、地面砖时，应戴绝缘手套，电源线应架空设置，专用配电箱必须装设漏电保护器，工作完毕后，应将跳板上和地面的零碎砖石清除干净。

（6）冬季施工期间，室内保温应防止煤气中毒，加强通风，热源周围防止火灾，冰雪天气，外架要除冰扫雪。

2. 成品保护

（1）抹灰门必须事先把门窗框与墙连接处的缝隙用水泥砂浆嵌塞密实（铝合金门窗框嵌缝材料由设计确定，并事先粘贴好防护膜），门口应钉设铁皮或木板保护。

（2）推小车或搬运东西时，要注意不要碰坏口角和墙面。抹灰用的大杠和铁锹把不要靠放在墙上，严禁蹬踩窗台板，防止损坏其棱角。

（3）拆除脚手架时要轻拆轻放，拆后材料要码放整齐，不要撞坏门窗、墙面和口角等。

（4）要保护好墙上的预埋件、窗帘钩、电线槽、盒、水暖设备和预留孔洞等，不要随意抹死。

（5）抹灰层凝结硬化前，应防止快干、水冲、撞击、振动和挤压，以保证灰层有足够的强度。

（6）门窗框上残存的砂浆应及时清理干净，铝合金门窗框装前应检查保护膜的完整，如采用水泥嵌缝时应用低碱性的水泥，缝塞好后应及时清理，并用洁净的棉丝将框擦净。

（7）抹灰层凝结后，应采取措施防止沾污和损坏。

（8）施工时禁止在地面上拌灰和直接在地面上堆放砂浆等。

6.4.4　常见质量问题以及防治措施

（1）空鼓、开裂和烂根

抹灰前基层底部清理不干净或不彻底，抹灰前不浇水，每层灰抹得太厚，跟得太紧；对于预制混凝土，光滑表面不剔毛也不甩毛，甚至混凝土表面的酥皮也不剔除就抹灰；加气混凝土表面没清扫，不浇水就抹灰，抹灰后不养护。为解决好空鼓、开裂的质量问题，应从三方面下手解决：第一，施工前的基体清理和浇水；第二，施工操作时分层分遍压实应认真，不马虎；第三，施工后及时浇水养护，并注意操作地点的洁净，抹灰层一次抹到底，克服烂根。

门窗框两边塞灰不严实，墙体预埋木砖间距过大或木砖松动，经开关振动，在门窗框周边处产生空鼓、裂缝。应重视门窗框塞缝工序，应设专人负责。

基层清理不干净或处理不当；墙面浇水不透，抹灰后砂浆中的水分很快被基层（或底灰）吸收，影响黏结力。应认真清理和提前浇水，砖墙可提前一天浇水，一般浇两遍，水深度入墙达到 8～10 mm 即符合要求。

基层偏差较大，一次抹灰层过厚、干缩较大产生裂缝。应分层赶平，每遍厚度宜为7～9 mm。

配制的砂浆和原材料质量不符合要求，或使用不当，应根据不同的基层配制所需要的砂浆，同时要加强对原材料和抹灰部位配合比的管理。

（2）滴水线（槽）不符合要求：不按规范规定留置滴水槽，窗台、碹脸下边应留滴水槽，在施工时应设分格条，起条后保持滴水槽有 10 mm×10 mm 的槽，严禁抹灰后用溜子划缝压条，或用钉子划沟。

（3）分格条、滴水槽处起条后不整齐不美观：起条后应用素水泥浆勾缝，并将损坏的棱角及时修补好。

（4）窗台吃口：同一层的窗台标高不一致，为保证外饰面抹灰线条的横平竖直，需拉通线找规矩，故造成窗台吃口，影响使用。首先要求结构施工时标高要正确，考虑好抹灰层厚度，并应注意窗台上表面抹灰应伸入框内 10 mm，并应勾成小圆角，上口应找好流水坡度。

（5）面层接槎不平、颜色不一致

槎子甩得不规矩，留槎不平，故接槎时难找平。注意接槎应避免在块中，应留置在分格条处，或不显眼的地方；外抹水泥一定要采用同品种、同批号进场的水泥，以保证抹灰层的颜色一致。施工前基层浇水要透，便于操作，避免压活困难将表面压黑，造成颜色不均。

门窗洞口、墙面、踢脚板、墙裙等抹罩面灰接槎明显或颜色不一致：抹罩面灰时要注意留施工缝,施工缝要尽量留在分格条、阴角处和门窗框边部;室内如遇施工洞口,可采用甩整面墙的方法。

(6)抹灰面层起泡、有抹纹、爆灰、开花

抹完罩面灰后,压光工作跟得太紧,灰浆没有收水,故压光后产生起泡现象,其中基层为混凝土顶板和墙面较为常见。

底灰过分干燥,抹罩面灰后,水分很快被底灰吸走,故压光时容易出现抹纹或漏压。

淋制生石灰时,对欠火灰、过火灰颗粒及杂质过滤不彻底,灰膏熟化时间不够,抹灰后遇水或潮湿空气灰层内的生石灰颗粒会继续熟化,体积膨胀,造成抹灰表面爆灰,出现开花。

(7)抹灰面不平、阴阳角不垂直、不方正

抹灰前要认真挂线、做灰饼和冲筋,使冲筋交圈,阴阳角处亦要冲筋、顺杠、找规矩。

踢脚板、水泥墙裙和窗台板上口出墙厚度不一致、上口毛刺和口角不方等:操作要加细,按规范吊垂直、拉线拉直、找方,抹完灰后,要反尺把上口赶平、压光。

暖气槽两侧上下窗口墙垛抹灰不通顺:应按规范吊直找方。

(8)管道后抹灰不平、不光,管根空裂等:应按规范安放过墙套管,管后抹灰准备专用工具(长抹子),工作细致即能克服。

(9)水泥面层无强度,表面不实:水泥早期脱水或使用过夜灰造成,要加强管理。

6.5 抹灰工工种实训操作题

6.5.1 实训的教学目的与基本要求

抹灰工程工种施工实训是在学生学习了"砌体结构施工""混凝土结构施工""建筑施工技术"等课程的部分内容后进行的生产性实训。本技能操作训练以实际应用为主,重在培养学生的实际操作能力。目的是让学生通过模拟现场施工操作,获得一定的施工技术的实践知识和生产技能操作体验。通过本技能操作训练,使学生通过具体的现场砌筑操作训练,获得一定的生产技能和施工方面的实际知识,提高学生的动手能力,培养、巩固、加深、扩大所学的专业理论知识,为毕业实习、工作打下必要的基础。

学生可以先熟悉施工图纸、工程规范、施工质量检验评定标准,了解施工方案的工艺流程、施工方法和技术要求,以逐步适应工作的要求。

6.5.2 实训任务

抹灰工程工种实训内容为室内墙面抹灰,抹灰工作量约 8 m²。

墙体为普通黏土砖砌体,顶部斜砌。

6.5.3 实训工具和材料准备

1. 实训工具

(1)孔径 5 mm 筛子、手推车

（2）铁锹

（3）水勺、大桶、小灰槽

（4）铁抹子、木抹子

（5）小白线、线锤、托灰板、木抹子、铁抹子、阴（阳）角抹子、塑料抹子

（6）2 m 靠尺板、八字尺、5～7 mm 厚方口靠尺、软刮尺、方尺、水平尺

（7）钢筋夹具、锤子、钳子、钉子

（8）扫帚

2. 实训材料

（1）石灰：熟化时间满足要求。

（2）砂：中砂，筛除杂土等。

（3）纸筋：纸筋（即粗草纸）分干、湿两种，拌和纸筋灰用的干纸筋应用水浸透、捣烂，湿纸筋可直接掺用，罩面纸筋应机碾磨细。

6.5.4　实训步骤

（1）清理墙面及浇水。将墙面基层上的浮浆、松动砖块及凸出部分清理及凿去，再用水浇，除去墙面浮灰，并适当浇湿墙面，使抹上灰不至于不等抹平即吸干水分，也不至于不吸水造成抹灰层下垂裂缝等。

（2）做灰饼。按抹灰墙面基层的表面平整及垂直情况，确定灰饼控制抹灰厚度，抹灰厚度最小处不得小于 7 mm，厚的地方局部凹坑应先找平，凹部较大时应分层找平，不宜一次抹平，一次抹灰厚度不宜大于 20 mm。应先在墙面上部 2～2.5 m 处做上灰饼；再根据上灰饼用靠尺找正、找平、找垂直做下灰饼。灰饼是墙面抹灰的依据，也是做护角的依据，灰饼可用水泥砂浆也可用墙面抹灰用的混合砂浆。

（3）墙面冲筋。根据上下灰饼用水泥砂浆或混合砂浆抹出通长的垂直的冲筋，宽度宜 50 mm，上窄下宽，以便于接槎。冲筋距顶棚、地面均约 30 cm，距阴阳角约 40 cm，两条筋的距离约 160 cm。

（4）水泥砂浆护角。用水泥砂浆按护角图进行抹灰、90°角，每侧面宽 50 mm。待水泥砂浆稍干后，再用捋子倒棱，捋出小圆角。

（5）抹灰。在做饼冲筋后，待冲筋干到一定程度，即可抹底灰，通常底灰的厚薄由操作者自行掌握，基本找平，低于冲筋。接着抹中层灰，与冲筋找平，再用刮杠由下往上刮平，达到平整。随后用木抹搓平，再用塑料抹子压搓一遍，达到平整粗亚光。阴角用阴角抹子捋顺直、捋光；阳角用阳角抹子捋顺直、捋光，与顶板、地面交接处抹顺直、平整，交接到位，没有污染。

6.5.5　实训上交材料以及成绩评定

上交材料有抹灰成品、实训成绩考核评定表等。

实训成绩考核评定表见表 6-2。

表 6-2　抹灰工操作技能考核评定表

分组组号_____　分组名单_____

成绩：

序号	考核内容	考核要点	配分	评分标准	检测结果	扣分	得分
1	作业准备	工具种类齐全（灰铲、托线板、小白线、卷尺、水平尺、水桶、灰槽等）	5	种类齐全			
		工具数量合理	5	误差±5%，超过不得分			
		阳角用 1∶2.5 水泥砂浆护角	5	误差±5 mm，超过不得分			
		抹灰材料准备以及质量	3	一定的砖、砂、水泥、掺和剂以及其他材料			
		墙体平整度处理	3	凹凸部分先行处理			
2	砂浆搅拌	砂浆配合比计算	10	配合比合理			
		砂浆配料合理	5	考虑自身含水率			
		搅拌时间适当	3	不少于 1.5 min			
		搅拌方式使用合理	5	机械或人工搅拌			
3	墙体处理	提前一天湿润墙面砖	10	预先湿润，防止脱水			
		相同的砂浆冲筋	5	先做灰饼和冲筋			
		钢网挂钉和孔洞堵塞密实	3	按照规范要求			
3	抹砂浆	考虑是否要求甩浆	5	选择合适的砌筑方式			
		底层抹灰操作和厚度	5	棱角整齐，无弯曲、裂纹，颜色均匀，规格基本一致			
		找平层抹灰操作和厚度	8	偏差符合要求，超出要扣分			
		面层抹灰操作和厚度	10	位置得当			
		抹灰时安全措施的搭设和要求	5	数量和长度符合规范要求			
5	其他	场地清理	5	设备、工具复位，试件、场地清理干净，有一处不合要求扣2分			
合计			100				

评分人：　　　　年　　月　　日

课后思考题

1. 抹灰按照质量要求的分类是什么？
2. 抹灰砂浆的配置有哪些要求？
3. 内墙抹灰的步骤是什么？
4. 抹灰工程在冬季施工时有哪些要求？
5. 抹灰工程出现空鼓、开裂和烂根的原因有哪些？如何防治？

项目 7　架子工工种实训

通过对架子工工种实训的学习,学生可进一步了解脚手架的种类、组成、施工技术措施要点以及脚手架的计算方法等,理论联系实际,巩固、深化已学过的专业理论知识,强化实际工作的基本技能,培养分析问题、解决问题的能力。

7.1　脚手架的基本概念

脚手架是建设施工现场应用最为广泛、使用最为频繁的一种临时设施,建筑、安装工程都需要借助脚手架来完成,它对工程进度、工艺质量、设备及人身安全起着重要的作用。脚手架可以使建筑工人在不同部位进行操作,能保证工人在高处作业的安全。

脚手架为高空作业创造施工操作条件,脚手架搭设不牢固、不稳定就会造成施工中的安全事故,同时还须符合节约的原则,因此,一般应满足以下的要求:

(1) 要有足够的牢固性和稳定性,保证在施工期间对所规定的荷载或在气候条件的影响下不变形、不摇晃、不倾斜,能确保作业人员的人身安全。

(2) 要有足够的面积满足堆料、运输、操作和行走的要求。

(3) 构造要简单,搭设、拆除和搬运要方便。使用要安全,并能满足多次周转使用。

(4) 要因地制宜,就地取材,量材施用,尽量节约用料。

另外,脚手架严禁钢木、钢竹混搭,严禁不同受力性质的外架连接在一起。

7.2　脚手架的类型以及组成

7.2.1　脚手架的类型

按施工中用途分类可分为结构工程脚手架、装修工程脚手架。

按使用的位置分类,可分为外脚手架、内脚手架。

按构造形式分类可分为扣件式钢管脚手架、挂脚手架、吊篮脚手架、满堂红脚手架、碗扣式钢管脚手架、盘口式脚手架。

按搭设材料分为木脚手架、竹脚手架、钢管和角铁脚手架(应积极使用钢管角铁脚手架,淘汰竹木脚手架)。

按搭设形式分为多立杆式(落地式)和工具式脚手架(工具式脚手架中有门型脚手架、吊篮式脚手架、挂脚手架、悬挑式脚手架和附着式升降脚手架)。

7.2.2　脚手架的组成

1. 钢管分类:立杆、大横杆、小横杆、剪刀撑、抛撑

搭设脚手架的钢管采用力学性能适中的 Q235A(3 号)钢,其力学性能应符合国家现行标准《碳素结构钢》(GB/T 700 - 2006)中 Q235A 钢的规定,并符合以下要求:

(1) 采用焊接钢管,脚手架钢管尺寸见表 7 - 1。

表 7 - 1　脚手架钢管尺寸(mm)

截面尺寸		最大长度	
外径 ϕ,d	壁厚 t	横向水平杆	其他杆
48	3.5	2200	6500
51	3.0		

每根钢管的最大质量不应大于 25 kg,宜采用 $\phi 48 \times 3.5$ 钢管。

(2) 新管进场时必须有产品质量合格证、钢管材质检验报告;

(3) 新管进场时其表面应平直光滑,不应有裂纹、分层、压痕、划道和硬弯现象,两端面应平整;

(4) 钢管使用前必须进行防锈处理(涂防锈漆)及刷调和漆;

(5) 钢管使用前必须进行认真检查,外径及壁厚负误差不大于 0.5 mm 和 0.35 mm;

(6) 旧钢管在使用前要进行认真检查,锈蚀严重部位应将钢管截断进行检查,不能满足要求的严禁使用;

(7) 搭设脚手架所用的钢管严禁打孔。

2. 扣件

扣件采用可锻铸铁铸造扣件,扣件用机械性能不低于 KT33 - 8 的可锻铸铁制造,承载力设计值见表 7 - 2,验其外观,应符合以下要求:

表 7 - 2　扣件、底座的承载力设计值(kN)

项　　目	承载力设计值
对接扣件(抗滑)	3.20
直角扣件、旋转扣件(抗滑)	8.00
底座(抗压)	40.00

注:扣件螺栓拧紧扭力矩值不应小于 40 N·m,且不应大于 65 N·m。

(1) 表面不得有裂纹、气孔,不宜有疏松、砂眼或其他影响使用性能的铸造缺陷;并应将影响外观质量的粘砂、毛刺、氧化皮等清除干净。

(2) 扣件与钢管的贴合面必须严格整形,应保证与钢管扣紧时接触良好。

(3) 扣件的活动部位转动灵活,旋转扣件的两旋转面间隙应小于 1 mm。

(4) 当扣件夹紧钢管时,开口处的最小距离小于 5 mm。

(5) 扣件表面要进行防锈处理。

（6）新扣件进场必须有产品质量合格证、生产许可证、专业检测单位的测试报告。

（7）螺栓不得有滑丝现象。

（8）扣件规格必须与钢管外径（$\phi 48$ 或 $\phi 51$）相同。

（9）在主节点处固定横向水平杆、纵向水平杆、剪刀撑、横向斜撑等用的直角扣件、旋转扣件的中心点的相互距离不应大于 150 mm。

（10）对接扣件开口应朝上或朝内。

（11）各杆件端头伸出扣件盖板边缘长度不应小于 100 mm。

3. 脚手板、脚手片采用符合有关要求

4. 安全网

采用密目式安全网，网目应满足 2000 目/100 cm²，做耐贯穿试验不穿透，1.6 m×1.8 m 的单张网重量在 3 kg 以上，颜色应满足环境效果要求，优先选用绿色。要求阻燃。使用的安全网必须有产品生产许可证和质量合格证，以及由市建筑安全监督管理部门发放的准用证。

5. 底座垫板安放应符合下列规定

（1）底座、垫板均应准确地放在定位线上；

（2）垫板宜采用长度不少于 2 跨、厚度不小于 50 mm 的木垫板，也可采用槽钢。

7.3　架子工工种施工的技术措施

7.3.1　扣件式钢管脚手架施工技术措施

落地脚手架搭设的工艺流程为：场地平整、夯实→基础承载力实验、材料配备→定位设置通长脚手板、底座→纵向扫地杆→立杆→横向扫地杆→小横杆→大横杆（搁栅）→抛撑→剪刀撑→连墙件→防护栏杆→铺脚手板→扎安全网。

1. 定位

根据构造要求在建筑物四角用尺量出内、外立杆离墙距离，并作好标记；用钢卷尺拉直，分出立杆位置，并用小竹片点出立杆标记；垫板、底座应准确地放在定位线上，垫板必须铺放平整，不得悬空。

在搭设首层脚手架过程中，沿四周每框架格内设一道斜支撑，拐角应双向增设，待该部位脚手架与主体结构的连墙件可靠拉接后方可拆除。当脚手架操作层高出连墙件两步时，宜先立外排，后立内排。其余按以下构造要求搭设。

2. 钢管脚手架的立杆及基础

（1）脚手架立杆基础应符合以下要求：

① 搭设高度在 25 m 以下时，可素土夯实找平，上面铺 5 cm 厚木板，长度为 2 m 时垂直于墙面放置；长度大于 3 m 时平行于墙面放置。

② 搭设高度在 25～50 m 时，应根据场地耐力情况设计基础做法，若采用回填土分层夯实达到要求时，可用枕木支垫，或在地基上加铺 20 cm 厚道碴，其上铺设混凝土板，再仰铺

12～16 号槽钢。

③ 搭设高度超过 50 m 时,应进行计算并根据地耐力设计基础做法,于地面下 1 m 深处采用灰土地基,或浇筑 50 cm 厚混凝土基础,其上采用枕木支垫。

④ 当脚手架基础下有设备基础、管沟时,在脚手架使用过程中不应开挖,否则必须采取加固措施。

(2) 扣件式钢管脚手架的底座有可锻铸铁制造与焊接底座两种,搭设时应将木垫铺平,放好底座,再将立杆放入底座内,不准将立杆直接置于木板上,否则将改变垫板受力姿态。底座下设置垫板有利于荷载传递,试验表明,标准底座下加设木垫板(板厚 5 cm,板长 ≥ 2 m),可将地基土的承载能力提高 5 倍以上。当木板长度大于 2 跨时,将有助于克服两立杆间的不均匀沉陷。

(3) 脚手架基础地势较低时,应考虑在周围设排水措施(立杆基础外侧设置截面不小于 20 cm×20 cm 的排水沟,并在外侧设 80 cm 宽以上混凝土路面)。木脚手架立杆埋设回填土后应留有土墩高出地面,防止下部积水。

3. 架体与建筑物拉结

(1) 脚手架高度在 7 m 以下时,可采用设置抛撑方案以保持脚手架的稳定(抛撑的下脚一定要固定牢固)。当搭设高度超过 7 m 不便设抛撑时,应与建筑物进行连接。

连墙件布置间距宜按表 7 - 3 采用。

表 7 - 3　连墙件布置间距

脚手架高度		竖向间距 h	水平间距 L	每根连墙杆覆盖面积/m^2
双排	≤50 m	3h	3h	≤40
	>50 m	2h	3h	≤27
单排	≤24 m	3h	3h	≤40

注:h—步距;L—纵距

所谓步距是指:上、下水平横杆轴线间的距离,一般要求结构脚手架每步架高不得大于 1.2 米,装修用每步架高不得大于 1.8 米。所谓纵距是指:相邻立杆之间的轴线距离,一般为 1.5 m。

① 脚手架与建筑物连接不但可以防止因风荷载而发生的向内或向外倾翻事故,同时可以作为架体的中间约束,减小立杆的计算长度,提高承载能力,保证脚手架的整体稳定性。

② 连墙杆的间距应按规定设置。当脚手架搭设高度较高需要缩小连墙杆间距时,减少垂直间距比缩小水平间距更为有效。

③ 连墙杆应靠近节点并从底层第一步大横杆处开始设置。

④ 连墙杆宜靠近主节点设置,距主节点不应大于 30 cm。

(2) 连墙杆必须与建筑结构部位连接,以确保承载能力。

① 连墙杆位置应在施工方案中确定,并绘制作法详图,不得在作业中随意设置。严禁在脚手架使用期间拆除连墙杆(应作为重点检查的内容)。

② 连墙杆与建筑物可做成柔性连接或刚性连接。连墙件必须采用可承受拉力和压力的构造。采用拉筋必须配用顶撑,顶撑应可靠地顶在混凝土圈梁、柱等结构部位。拉筋应采

用两根以上直径 4 mm 的钢丝拧成一股,使用时不应少于 2 股;亦可采用直径不小于 6 mm 的钢筋。限制脚手架里外两侧变形。严禁使用仅有拉筋的柔性连墙件。

③ 对高度 24 m 以上的双排脚手架,必须采用刚性连墙件与建筑物可靠连接。

(3) 立杆间距与剪刀撑

① 毛竹脚手架步距不大于 1.8 m,立杆纵距不大于 1.5 m,横距不大于 1.3 m,架子总高度不得超过 25 m。

② 钢管脚手架步距底部高度不大于 2 m,其余不大于 1.8 m,立杆纵距不大于 1.8 m,横距不大于 1.5 m。如搭设高度超过 25 m,须采用双立杆或缩小间距的方法搭设,超过 50 m 应进行专门设计计算。

③ 架子转角处立杆间距应符合搭设要求。

④ 脚手架外侧设置剪刀撑,由脚手架端头开始按水平距离不超过 9 m 设置一排剪刀撑,剪刀撑杆件与地面成 45°～60°角,自下而上、左右连续设置。设置时与其他杆件的交叉点应互相连接(绑扎),并应延伸到顶部大横杆以上。竹脚手架剪刀撑底部斜杆应深埋超过 30 cm。

⑤ 高度在 24 m 以下的单、双排脚手架,均必须在外侧立面的两端各设置一组剪刀撑,由底部至顶部随脚手架的搭设连续设置;中间部分可间断设置,各组剪刀撑间距不大于 15 m。高度在 25 m 以上的双排脚手架,在外侧立面必须沿长度和高度连续设置剪刀撑。

⑥ 剪刀撑斜杆应与立杆和伸出的小横杆进行连接,底部斜杆的下端应置于垫板上(剪刀撑底脚的设置不规范在现场常见)。

⑦ 剪刀撑斜杆的接长均采用搭接,搭接长度不应小于 1 m,应等间距设置 3 个旋转扣件固定(两个扣件之间的距离应统一规范)。

⑧ 横向剪刀撑。脚手架搭设高度超过 24 m 时,为增强脚手架横向平面的刚度,可在脚手架拐角处及中间沿纵向每隔 6 跨在横向平面内加设斜杆,使之成为“之”字形。遇操作层时可临时拆除,转入其他层时应及时补设。

⑨ 一字型、开口型双排脚手架的两端均必须设置横向斜撑,中间宜每隔 6 跨设置一道之字撑。

(4) 脚手板与防护栏杆

① 25 m 以下建筑物的外脚手架除操作层以及操作层的上下层、底层、顶层必须满铺外,还应在中间至少满铺一层。25 m 以上建筑物的外架应层层铺设脚手板。装饰阶段必须层层满铺脚手板。

② 满铺层脚手板必须垂直墙面横向铺设,满铺到位,不留空位,不能满铺处必须采取有效防护措施。

③ 脚手片须用不细于 18♯铅丝双股并联绑扎不少于 4 点,要求绑扎牢固,交接处平整,无探头板。脚手片完好无损,破损的要及时更换。

④ 脚手架外侧必须用建设主管部门认证的合格的密目式安全网封闭,且应将安全网固定在脚手架外立杆里侧,不宜将网围在各杆件的外侧。安全网应用不小于 18♯铅丝张挂严密。

⑤ 脚手架外侧栏杆上杆离地高度 1.05～1.2 m,下杆离地高度 0.5～0.6 m。并设 18 cm高的挡脚板或设防护立网。

⑥ 脚手架的高度,里立杆低于檐口 50 cm,平屋面外立杆高于檐口 1~1.2 m,坡屋面高于 1.5 m 以上。

（5）小横杆设置

① 小横杆应紧靠立杆用扣件与大横杆扣牢。设置小横杆的作用有三,一是承受脚手板传来的荷载;二是增强脚手架横向平面的刚度;三是约束双排脚手架里外两排立杆的侧向变形,与大横杆组成一个刚性平面,缩小立杆的长细比,提高立杆的承载能力。当遇作业层时,应在两立杆中间再增加一道小横杆,以缩小脚手板的跨度,当作业层转入其他层时,中间处小横杆可以随脚手板一同拆除,但交点处小横杆不应拆除。

② 双排脚手架搭设的小横杆,必须在小横杆的两端与里外排大横杆扣牢,否则双排脚手架将变成两片脚手架,不能共同工作,失去脚手架的整体性（小横杆要探出扣件 10 cm 以上）。

③ 单排脚手架小横杆的设置位置与双排脚手架相同。不能用于半砖墙、18 cm 墙、轻质墙、土坯墙等稳定性差的墙体,小横杆在墙上的搁置长度不应小于 18 cm,小横杆入墙过小影响支点强度,另外单排脚手架产生变形时,小横杆容易拔出。

（6）杆件搭接

① 钢管脚手架立杆必须采用对接,大横杆可以对接和搭接,剪刀撑和其他杆件采用搭接,搭接长度不小于 100 cm,且不少于三只扣件紧固。

② 竹脚手架立杆、剪刀撑、大横杆和其他杆件均采用搭接,其中立杆、剪刀撑搭接长度不小于 1.5 m,大横杆不小于 2 m,且均用不细于 10♯铅丝双股并联绑扎 3 道以上。

③ 相邻杆件搭接、对接必须错开一个档距,同一平面上的接头不得超过 50%。

④ 竹脚手架顶撑设置到位、有效,与立杆绑扎不小于 10♯铅丝双股并联绑扎 3 道。

（7）架体内封闭

① 脚手架的架体里立杆距墙体净距一般不大于 20 cm,如大于 20 cm 的必须铺设站人片,站人片设置应平整牢固。

② 脚手架施工层里立杆与建筑物之间应进行封闭。

③ 施工层以下外架每隔 3 步以及底部应用密目网或其他措施进行封闭。

（8）通道

① 外脚手架应设置上下走人斜道,附着搭设在脚手架的外侧,不得悬挑。斜道的设置应为来回上折形,坡度不大于 1:3,宽度不得小于 1.5 m。斜道立杆应单独设置,不得借用脚手架立杆,并应在垂直方向和水平方向每隔一步或一个纵距设一连接。

② 斜道两侧及转角平台外围均应设 1.05~1.2 m 上层栏杆,0.5~0.6 m 中间栏杆和 18 cm 高踢脚杆,并用合格的密目式安全网封闭。

③ 斜道侧面及平台外侧应设置剪刀撑。

④ 斜道脚手片应采用横铺,每隔 20~30 cm 设一防滑条,防滑条的间距不得大于 30 cm,防滑条宜采用 40 mm×60 mm 方木,并多道铅丝绑扎牢固。

⑤ 外架与各楼层之间应设置进出通道,坡度不大于 1:3,通道宜采用木板铺设,两边设 1.05~1.2 m 上层栏杆,0.5~0.6 m 中间栏杆和 18 cm 高踢脚杆,并固定牢固。

⑥ 斜道和进出通道的栏杆、踢脚杆统一漆红白相间色。

（9）卸料平台

① 外脚手架吊物卸料平台和井架卸料平台应有单独的设计计算书和搭设方案。

② 吊物卸料平台、井架卸料平台应按照设计方案搭设，应与脚手架、井架断开，有单独的支撑系统。

③ 卸料平台要求采用厚 4 cm 以上木板统一铺设，并设有防滑条。外架吊物卸料平台应采用型钢做支撑，预埋在建筑物内，不得采用钢管搭设。井架卸料平台可以由钢管从基础上搭设，但基础必须采用混凝土，地立杆垫型钢或木板。

④ 吊物卸料平台必须设置限载牌。

⑤ 卸料平台临边防护到位，设置 1.05～1.2 m 上层栏杆，0.5～0.6 m 中间栏杆和 18 cm 高踢脚杆，四周采用密目式安全网封闭。

（10）交底和验收

① 脚手架搭设前应对架子工进行安全技术交底，交底内容要有针对性，交底双方履行签字手续。

② 脚手架搭设后应组织分段验收，办理验收手续。验收表中应写明验收的部位，内容量化，验收人员履行验收签字手续。验收不合格的，应在整改完毕后重新填写验收表。脚手架验收合格并挂合格牌后方可使用。

③ 脚手架应进行定期检查和不定期检查，并按要求填写检查表，检查内容量化，履行检查签字手续。对检查出的问题应及时整改，项目部每半月至少检查一次。

7.3.2　悬挑脚手架施工技术措施

悬挑式脚手架包括从地面、楼板或墙体上用立杆斜挑的脚手架，提供一个层高的使用高度的外挑式脚手架和高层建筑施工分段搭设的多层悬挑式脚手架。

主要用于屋面檐口部位的施工，多是从窗口部位向外挑出架设；安装作业为了满足施工需要，多借助钢柱、钢梁和大型脚手架向外支挑脚手架，多用于电缆桥架安装，油漆作业、保温作业、外护板安装等轻型的施工脚手架。

悬挑脚手架搭设的工艺流程为：水平悬挑→纵向扫地杆→立杆→小横杆→大横杆（搁栅）→剪刀撑→连墙件→防护栏杆→铺脚手板→扎安全网。

1. 外挑架子架设

一般先搭室内架子，并使小横杆伸出墙外。接着搭设挑出部分的里排立杆和里排大横杆，然后在挑出的小横杆上铺临时脚手板，并将斜杆撑起，与挑出的小横杆连接牢固，随后再搭设外排立杆和外排大横杆，同时连接小横杆，铺设脚手架板，并沿挑架子外围设置栏杆和立网。斜杆与墙面夹角不大于 30°，架子挑出的宽度不大于 1.2 m，在使用过程中严格控制施工荷载，每平方米不超过 100 kg。

挑架子关键是斜撑杆的稳定性和拉接点的牢固性（大跨度脚手架斜撑杆与此相同）。

2. 悬挑梁及架体稳定

（1）挑架外挑梁或悬挑架应积极采用型钢或定型桁架。

（2）悬挑型钢或悬挑架通过预埋与建筑结构固定，安装符合设计要求。

（3）挑架立杆与悬挑型钢连接必须固定，防止滑移。

（4）架体与建筑结构进行刚性拉结，按水平方向小于 7 m、垂直方向等于层高设一拉结点，架体边缘及转角处 1 m 范围内必须设拉结点。

3. 脚手板

挑架层层满铺脚手片，脚手片须用不细于 18♯铅丝双股并联绑扎不少于 4 点，要求牢固，交接处平整，无探头板，不留空隙，脚手片应保证完好无损，破损的及时更换。

4. 荷载

施工荷载均匀堆放，并不超过 3.0 kN/m²。建筑垃圾或不用的物料必须及时清除。

5. 交底与验收

（1）挑架必须按照专项施工方案和设计要求搭设。实际搭设与方案不同的，必须经原方案审批部门同意并及时做好方案的变更工作。

（2）挑架拆前必须进行针对性强的安全技术交底，每搭一段挑架均需交底一次，交底双方履行签字手续。

（3）每段挑架搭设后，由公司组织验收，内容良化，合格后挂合格牌方可投入使用。验收人员须在验收单上签字，资料存档。

6. 杆件间距

挑架步距不得大于 1.8 m，横向立杆间距不大于 1 m，纵向间距不大于 1.5 m。

7. 架体防护

（1）挑架外侧必须用建设主管部门认证的合格的密目式安全网封闭围护，安全网用不小于 18♯铅丝张挂严密。且应将安全网挂在挑架立杆里侧，不得将网围在各杆件外侧。

（2）挑架与建筑物间距大于 20 cm 处，铺设站人片。除挑架外侧、施工层设置 1.05～1.2 m 上层栏杆，0.5～0.6 m 中间栏杆和 18 cm 高踢脚杆外，挑架里侧遇到临边时（如大开间窗、门洞等）时，也应进行相应的防护。

8. 层间防护

挑架作业层和底层应用合格的安全网或采取其他措施进行分段封闭式防护。

9. 脚手架材质

（1）钢管脚手架应选用外径 48 mm、壁厚 3.5 mm 的 A3 钢管，表面平整光滑，无锈蚀、裂纹、分层、压痕、划道和硬弯，新用钢管有出厂合格证。搭设架子前应进行保养、除锈并统一涂色，颜色应力求环境美观。

（2）钢管脚手架搭设使用的扣件应符合建设部《钢管脚手扣件标准》要求，有扣件生产许可证，规格与钢管匹配，采用可锻铸铁，不得有裂纹、气孔、缩松、砂眼等锻造缺陷，贴和面应平整，活动部位灵活，夹紧钢管时开口处最小距离不小于 5 mm。

（3）型钢宜采用 A3 号槽钢或工字钢。

（4）木脚手板应用 5 cm 厚的杉木或松木板，宽度 20～30 cm，长度不超过 6 m。凡腐朽、扭曲、破裂的或有大横透节疤及多节疤的，严禁使用。距板两端 8 cm 处应用镀锌铁丝箍绕 2～3 圈或用铁皮钉牢。

7.3.3   附着式升降脚手架施工技术措施

附着式升降脚手架是将脚手架附着在建筑结构上,并能利用自身设备使架体升降,可以分段提升或整体提升,也称整体提升脚手架或爬架。

1. 使用条件

(1) 必须经建设部组织鉴定和发放的生产和使用证,且经当地市(地)建筑安全监督管理部门审查,颁发准用证方可搭设。

(2) 必须有专项安全施工组织设计(包括搭拆方案),并经搭拆单位技术负责人审批,使用单位认可。

(3) 制定并严格执行各工种操作规程。

2. 设计计算

(1) 有单独的设计计算书,并经生产单位的上级技术部门审批。

(2) 有完整的制作安装图。

(3) 主框架、支撑桁架各节点的各杆件轴线应交汇于一点。

(4) 架体设计荷载按承重架 3.0 kN/m²,装饰架 2.0 kN/m²,升降状态 0.5 kN/m² 取值。

(5) 架子压杆长细比不大于 150,受拉杆件的长细比不得大于 300。

3. 架体构造

(1) 架体应由主框架和支撑桁架构成,主框架必须是定型的(焊接或螺栓联接)架体,相邻两主框架之间的架体为定型的(焊接或螺栓联接)支撑桁架(桁条)。支撑桁架支在主框架上,施工荷载通过脚手架立杆传递到支撑桁架,再由支撑桁架将力通过主框架传递到建筑物上。

(2) 架体必须按支座安装图和有关规定及构造进行搭设,架体上部悬臂部分不得超过架体高度的 1/3 或 4.5 m。

4. 附着支撑

(1) 主框架必须按方案要求与每个楼层设置螺栓式连接点。

(2) 钢挑架与预埋钢筋环连接必须牢固,钢挑架上的螺栓与墙体连接也必须牢固且符合规定。

(3) 螺栓式钢挑架的焊接必须符合有关规定。

5. 升降装置

(1) 必须安装同步升降装置且确保能达到同步升降要求。升降用索具、吊具的安全系数必须大于 6。

(2) 当有两个节点升降时,应采用电动式升降,严禁使用手拉葫芦式(导链)。升降时架体至少有两个附着装置,且架体上严禁站人。

(3) 非升降状态时,索具、吊具应呈放松状态。

6. 防坠落、导向防倾斜装置

架体必须两处以上设置灵敏有效的防坠落装置,设置垂直导向和防止左右、前后倾斜的防倾斜装置。严禁将防坠落装置设置在架体升降的同一个附着支撑装置上。

7. 分段验收

(1) 首次搭设后,必须组织验收,合格后方可投入使用。验收人员和部门签字盖章,办好验收手续。

(2) 每次提升前,均应进行一次全面检查,发现安全隐患点立即整改,符合要求后方可提升,同时做好检查记录。

(3) 每次提升后、使用前必须进行验收,符合要求后方可使用。

(4) 首次搭设后、每次使用前和提升后的验收以及每次提升前的检查,均应由安装单位和使用单位组织进行。

8. 脚手板

(1) 挑架层层满铺脚手片,脚手板须用不细于 18♯ 铅丝双股并联绑扎不少于 4 点,要求牢固,交接处平整,无探头板,不留空隙,脚手板应保证完好无损,破损的及时更换。

(2) 架体每步离墙空隙均应安全可靠地封闭。

9. 防护

(1) 架体外侧用建设主管部门认可的合格的密目式安全网进行封闭式围护,将安全网固定在脚手架外立杆的里侧,不得将网围在各杆件的外侧。

(2) 架体操作层、外侧以及遇到大开间窗洞处的里立杆均应设置 1.2 m 高防护栏杆和 30 cm 踢脚杆。

(3) 除每层满铺脚手片外,架体作业层和底层下方还应围设安全网或采取有效安全措施。

10. 操作

(1) 架体必须按施工组织设计和有关规定进行搭设。

(2) 搭设和每次升降等操作前必须对现场技术人员和工人进行安全技术交底。

(3) 架体操作人员先培训,再持证定岗上岗。

(4) 安装、升降、拆除架体时必须注明现场的安全警戒线,并派专人监护。

(5) 架体上荷载堆放均匀,升降时架体上不得有重量超过 2 kN 的物体。

7.3.4 吊篮脚手架施工技术措施

吊篮脚手架是将预制组装的吊篮悬挂在挑梁上,挑梁与建筑结构固定,吊篮通过手(电)动葫芦钢丝绳带动,进行升降作业。

1. 基本要求

必须使用厂家生产的定型产品,有生产许可证、合格证和产品使用说明书,并有当地建筑安全监督管理部门颁发的准用证,严禁使用无证土制吊篮脚手架。

2. 制作组装

(1) 挑梁锚固或配重等抗倾覆装置符合要求。吊篮组装必须符合设计要求。

(2) 吊篮使用前必须进行荷载试验,填写试验记录。

(3) 电动(手板)葫芦等辅助动力设备必须使用检验合格的产品。

3. 安全装置

（1）吊篮必须有 2 根直径为 12.5 mm 以上的钢丝绳作保险绳，升降葫芦必须有保险卡，吊钩必须有防止吊物滑脱的保险装置。所有保险装置必须安全有效。

（2）作业人员应系安全带。安全带应高挂低用，挂在上方可靠、牢固的地方，严禁挂在吊篮升降用的钢丝绳上。

4. 升降操作

（1）吊篮升降必须严格按操作规程进行，人员须经过专业培训。

（2）严禁在保险绳不起作用的情况下提升（或下降）。

（3）升降作业时其他人员不得在吊篮内停留。

（4）两个吊篮连在一起同步升降时必须要有安全可靠的同步装置。

5. 交底与验收

（1）制作组装、每次提升（或下降）和上人作业前必须对有关技术和操作人员进行安全技术交底，内容齐全，要有针对性，交底双方履行签字手续。

（2）制作组装、每次提升（或下降）后企业应组织有关人员进行验收，合格后方可使用。验收应认真填写验收记录，验收责任人员履行签字手续。

6. 防护

吊篮四周应有高度不低于 1.5 m 的封闭护板。

7. 荷载

施工荷载不得超过设计要求和说明书的规定，并应均匀堆放。

8. 电气安全

电气设备必须有可靠的接零和漏电保护，有可靠的避雷接地措施。

7.3.5   碗扣式钢管脚手架施工技术措施

碗扣式钢管脚手架搭设的工艺流程为：基础准备→安放垫板→安放底座→竖立管、安装横杆组成方框→纵向装横杆加立管至需要长度→安装斜撑→铺脚手板→安装挡脚板护栏→设联接节点。

（1）搭设工作至少两人配合操作。在平整、夯实的基础上铺设垫木，垫木宽度不宜小于 200 mm，厚度不得小于 50 mm。

（2）拉线，安放底座。同一侧底座应在一条直线上，应保持底座在同一水平线上，少量高差用可调支座调整。

（3）立好横向内外侧两根立管，装好两根横向水平杆，其竖向间距至少 1.2 m，形成一个方框。

（4）一人扶直方框架，另一个人将纵向水平杆一端插入已立好的立管最下面的一个碗扣内，另一端插入第三根立管下碗扣内，装上横向水平杆，形成一个稳定的方格。

（5）继续向纵向搭设直至需要的长度，搭设时注意保证立管成行、水平成线。第一步纵向水平杆应拉线或用水准仪找平。

（6）底部立管应选用长度规格不同的立管间隔搭设，使接头错开。

（7）横杆接头插入立杆下碗扣时,应检查接头是否紧贴立杆,而后将上碗扣沿限位销扣下,用手锤将上碗扣沿顺时针方向打击,使之与限位销顶紧。

（8）脚手架与建筑物联接,一般在立管与纵向水平杆交叉点设置顶墙杆,并在相同位置用两股 10 号镀锌铁丝与建筑物锚固。

7.4　架子工工种施工质量技术要求以及安全措施

7.4.1　架子工工种施工质量检查验收时间

脚手架及其地基基础检查与验收的阶段为:
（1）基础完工后及脚手架搭设前;
（2）作业层上施加荷载前;
（3）每搭设完 10~13 m 高度后;
（4）遇有六级大风与大雨后,寒冷地区开冻后;
（5）达到设计高度后;
（6）停用超过一个月。

7.4.2　架子工工种施工质量技术要求

1. 底座、垫板安放应符合以下规定:
（1）底座、垫板均应准确地放在定位线上;
（2）垫板宜采用长度不少于 2 跨、厚度不小于 50 mm 的木垫板,也可采用槽钢。

2. 立杆搭设应符合以下规定:
（1）不能将外径 48 mm 与 51 mm 的钢管混合使用。
（2）相邻立杆的对接扣件不得在同一高度内,错开距离应符合要求,脚手架的底部立杆采用不同长度的钢管参差布置,使钢管立杆的对接接头交错布置,高度方向相互错开500 mm 以上,且要求相邻接头不应在同步同跨内,以保证脚手架的整体性。
（3）开始搭设立杆时应每隔 6 跨设置一根抛撑,直至连墙件安装稳定后,方可根据情况拆除。
（4）当搭至有连墙件的构造点时,在搭设完该处的立杆、纵向水平杆、横向水平杆后,应立即设置连墙件。
（5）顶层立杆搭接长度与立杆顶端伸出建筑物的高度应符合规范的规定。
（6）立杆应设置垫木,并设置纵横方向扫地杆,连接于立脚点杆上,离底座 20 cm 左右。
（7）立杆的垂直偏差应控制在不大于架高的 1/400。

3. 大横杆、小横杆设置
（1）大横杆在脚手架高度方向的间距 1.8 m,以便立网挂设,大横杆置于立杆里面,每侧外伸长度为 150 mm。
（2）外架子按立杆与大横杆交点处设置小横杆,两端固定在立杆上,以形成空间结构整体受力。

4. 剪刀撑

脚手架外侧立面的两端各设置一道剪刀撑,并应由底至顶连续设置;中间各道剪刀撑之间的净距离不应大于 15 m。剪刀撑斜杆的接长宜采用搭接,搭接长度不小于 1 m,应采用不少于 2 个旋转扣件固定。剪刀撑斜杆应用旋转扣件固定在与之相交的横向水平杆的伸出端或立杆上,旋转扣件中心线离主节点的距离不宜大于 150 mm。

5. 脚手板、脚手片的铺设要求

(1) 脚手架里排立杆与结构层之间均应铺设木板,板宽为 200 mm,里外立杆应满铺脚手板,无探头板。

(2) 满铺层脚手片必须垂直墙面横向铺设,满铺到位,不留空位,不能满铺处必须采取有效的防护措施。

(3) 脚手片须用 18♯铅丝双股并联绑扎,不少于 4 点,要求绑扎牢固,交接处平整,铺设时要选用完好无损的脚手片,发现有破损的要及时更换。

6. 防护栏杆

(1) 脚手架外侧使用建设主管部门认证的合格绿色密目式安全网封闭,且将安全网固定在脚手架外立杆里侧。

(2) 选用 18♯铅丝张挂安全网,要求严密、平整。

(3) 脚手架外侧必须设 1.2 m 高的防护栏杆和 30 cm 高踢脚杆,防护栏杆不少于 2 道,高度为 0.9 m。

7. 连墙件

(1) 脚手架与建筑物按水平方向 4.5 m、垂直方向 3.6 m 设一拉结点。

(2) 拉结点在转角范围内和顶部处加密,即在转角 1 m 内按垂直方向每 3.6 m 设一拉结点。

(3) 应保证拉结点牢固,防止其移动变形,且尽量设置在外架大小横杆接点处。

(4) 外墙装饰阶段拉结点,也须满足上述要求,确因施工需要除去原拉结点时,必须重新补设可靠、有效的临时拉结,以确保外架安全可靠。

8. 架体内封闭

(1) 脚手架的架体里立杆距墙体净距为 300 mm,如因结构设计的限制大于 200 mm 的必须铺设站人片,站人片设置应平整牢固。

(2) 脚手架施工层里立杆与建筑物之间应采用脚手片或木板进行封闭。

(3) 施工层以下外架每隔 3 步以及底部用密目网或其他措施进行封闭。

9. 脚手架的检查验收、管理与维护

脚手架钢管、扣件等进场必须通过验收,材质应符合现行国家标准《碳素结构钢》(GB/T 700—2006)中 Q235A 级钢的规定,应有产品合格证明。扣件应符合现行国家标准《钢管脚手架扣件》(GB 15831—2006)规定抽样检测,应有产品合格证明。

脚手架的检查与维护应按规范《建筑施工扣件式钢管脚手架安全技术规范》(JGJ 130—2011)的要求。

当遇有 6 级大风、大雨、大雾、大雪天气时,停止脚手架的搭设与拆除作业。

脚手架使用期间,严禁拆除主节点处的纵、横向水平杆和纵、横向扫地杆。

搭设前,项目部组织对脚手架的搭设方法及安全技术交底,严格执行《建筑施工扣件式钢管脚手架安全技术规范》(JGJ 130—2011)要求搭设,确保搭设人员安全。

搭设人员进场前必须进行安全教育,搭设人员必须是经过政府职能部门专门培训、考核合格、持有架子工资格证的专业架子工。

纵向水平杆设置在立杆内侧,其长度不小于 3 跨;纵向水平杆采用对接,对接扣件交错布置,两个相邻接头不能设置在同步同跨内,各接头中心到主节点的距离不大于 1/3 纵距。

主节点处必须设置一道横向水平杆用直角扣件扣接,主节点处两个直角扣件的中心距离不大于 150 mm。靠墙一端的外伸长度不大于 500 mm。

脚手架离地 200 mm 必须设置纵、横向扫地杆,底层步距不大于 2 m。

立杆必须采用刚性连接与主体结构可靠连墙,设置必须满足规范要求。

立杆接长必须采用对接扣件连接,对接扣件接头交错设置,相邻两根立杆的接头不能设在同步同跨内。

7.4.3　架子工工种施工安全措施

1. 脚手架施工方案安全技术措施

(1)脚手架搭设前应根据工程的特点和施工工艺确定搭设方案,内容应包括基础处理、搭设要求、杆件间距及连墙杆设置位置、连接方法,并绘制施工详图及大样图。外架专项施工方案包括计算书及卸荷方法等必须经企业技术负责人审批并签字盖章。

(2)脚手架的搭设高度超过规范规定的要求进行计算。

(3)脚手架的施工方案应与施工现场搭设的脚手架类型相符,当现场因故改变脚手架类型时,必须重新修改脚手架方案并经审批后方可施工(当脚手架搭设尺寸中的步距、立杆纵距、立杆横距和连墙件间距有变化时,除计算底层立杆段外,还必须对出现最大步距或最大立杆纵距、立杆横距、连墙件间距等部位的立杆段进行验算)。

(4)悬挑式脚手架必须编制专项施工方案。方案应有设计计算书(包括对架体整体稳定性、支撑杆件的受力计算),有针对性较强的较具体的搭设拆卸方案和安全技术措施,并画出平面、立面图以及不同节点详图。

(5)吊篮脚手架施工必须有专项施工方案,内容应包括吊篮和挑梁锚固、配重等抗倾覆装置的设计计算以及挑梁的锚固施工详图和相应的安全技术措施。

(6)脚手架搭设前,施工负责人应按照施工方案要求,结合施工现场作业条件和人员情况,作详细的交底(相同类型的脚手架重复施工超过一个月要进行重复交底)并有专人指挥。脚手架搭设人员必须是经过《特种作业人员安全技术培训考核管理规定》考核合格的专业架子工。上岗人员应定期体检,合格者方可持证上岗。

2. 安全搭设脚手架注意事项

(1)钢管架应设置避雷针,分置于主楼外架四角立杆之上,并联通大横杆,形成避雷网络,并检测接地电阻不大于 30 Ω。

(2)外脚手架不得搭设在距离外电架空线路的安全距离内,并做好可靠的安全接地处理。

（3）钢管脚手架的立柱应置于坚实的地基上，立柱钢管加垫座，用混凝土块或用坚实的厚木块垫好（木垫不适宜高层建筑），宜加扫地杆牵系牢固。脚手架立杆基础外侧应挖排水沟，以防雨水浸泡地基。

（4）脚手架的立柱要求垂直，转角立柱的垂直误差不得超过 0.5%，其中立柱不得超过 1%，八层建筑的外脚手架立柱间距不得大于 2 m，纵向的水平钢管的垂直间距不大于 1.8 m，并要用构件联结，拧紧螺栓，承重的纵向水平杆，必须支承于横杆之上，禁用不合格材料。

（5）脚手架两端转角处，每隔 6～7 根立柱应设剪刀撑，剪刀撑与地面的夹角不大于 60°，建筑物锚固点，横向每隔 4 m 设一锚固点，必须与建筑物锚固点拉结牢固。民用建筑八层以上（22.5 m 以上）的脚手架采用吊拉，安全网随着工作层完成均要设置（即满拉），水平网每隔四层设一道，首层必须按照通道长度搭设安全网。

（6）走桥上必须满铺脚手板，不得留有空隙和探头板，加踢脚板，所有铺板应用铁丝绑扎牢固，上料斜道坡度不得大于 1∶3，宽度不得小于 1.5 m，上人斜桥坡度不得大于 1∶2，防滑条间距以 30 cm 为宜，但不得大于 35 cm。

（7）采用的钢管规格尽量要做到统一，不同规格的钢管应分类堆放，分别使用，钢管外径宜用 51 mm，壁厚 3～4 mm，管壁厚度小于 3 mm 的钢管，不宜做立柱和横杆。

（8）外排架搭设分段完成后，要经施工负责人、分公司质安部验收合格，并报安监站验收合格后方可使用，并按规定办理验收手续。凡参加搭设脚手架的操作人员，必须经过体格检查方可上岗。

（9）定期检查脚手架，发现问题和隐患，在施工作业前及时维修加固，以达到坚固稳定，确保施工安全。

（10）外脚手架严禁钢竹、钢木混搭，禁止扣件、绳索、铁丝、竹篾、塑料篾混用。

（11）凡参加搭、拆脚手架的操作人员，必须戴安全帽、工具袋，悬空、临空危险作业必须佩戴安全带，严禁穿拖鞋、赤脚或硬底鞋上架操作，严禁酒后作业。

（12）保证脚手架体的整体性，不得与井架、升降机一并拉结，不得截断架体。结构外脚手架每支搭一层，支搭完毕后，经项目部安全员验收合格后方可使用。任何班组长和个人，未经同意不得任意拆除脚手架部件。

（13）严格控制施工荷载，脚手板不得集中堆料施荷，施工荷载不得大于 3 kN/m²，确保较大安全储备。结构施工时不允许多层同时作业，装修施工时同时作业层数不超过两层，临时性用的悬挑架的同时作业层数不超过重层。

（14）当作业层高出其下连墙件 3.6 m 以上，且其上尚无连墙件时，应采取适当的临时撑拉措施。各作业层之间设置可靠的防护栅栏，防止坠落物体伤人。外排架必须保持高出工作面 1.2 m 以上，临时通道两侧要搭设防护栏杆。

3. 安全拆除脚手架注意事项

（1）拆架前，全面检查拟拆脚手架，根据检查结果，拟订出作业计划，报请批准，进行技术交底后才准工作。作业计划一般包括拆架的步骤和方法、安全措施、材料堆放地点、劳动组织安排等。

（2）拆架时应划分作业区，周围设绳绑围栏或竖立警戒标志，地面应设专人指挥，禁止非作业人员进入。拆架的高处作业人员应戴安全帽、系安全带、扎裹腿、穿软底防滑鞋。拆除时要统一指挥,上下呼应,动作协调,当解开与另一人有关的结扣时,应先通知对方,以防坠落。

(3)拆架时,拆下材料堆放在架上或平台上不得超载,拆除下来的小构件要放入工具袋内,传递人员与拆下来的钢管、桥板位置要错开,不允许在同一线上操作,短料、桥板、构件、螺栓等可放入上落笼内降下,停台装料时要打信号降落,严禁从高空抛掷料具落地。

(4)拆架时,应按顺序进行,拆除顺序应遵循由上而下、后搭先拆的原则,即先拆栏杆、脚手板、剪刀撑、斜撑,后拆小横杆、大横杆、立杆和底座。并按一步清的原则依次进行,要严禁上下同时进行拆除作业,在拆架前会同工地负责人制定拆卸防范措施。

拆立杆时,应先抱住立杆再拆开最后两个扣,拆除大横杆、斜撑、剪刀撑时,应先拆中间扣,然后托住中间,再解端头扣。

连墙件应随拆除进度逐层拆除,拆抛撑前,应设置临时支撑,然后再拆抛撑。

(5)在大片架子拆除前应将预留的斜道、上料平台、通道小飞跳等先行加固,以便拆除后能确保其完整、安全和稳定。

(6)拆架时严禁碰撞脚手架附近电源线,以防触电事故。

(7)拆架时不得中途换人,如必须换人时,应将拆除情况交代清楚后方可离开;当天离岗时,应及时加固尚未拆除部分,防止存留隐患造成复岗后的人为事故。

(8)拆下的材料,应用绳索拴住,利用滑轮徐徐下运,严禁抛掷,运至地面的材料应按指定地点随拆随运,分类堆放,当天拆当天清,拆下的扣件或铁丝要集中回收处理。

(9)高层建筑脚手架拆除,应配备良好的通讯装置。

(10)如遇强风、雨、雪等特殊气候,不应进行脚手架的拆除,严禁夜间拆除。

(11)翻掀垫铺竹笆应注意站立位置,并应自外向里翻起竖立,防止外翻将竹笆内未清除的残留物从高处坠落伤人。

(12)拆卸架前要检查桥架上是否有杂物、电线水管等临时设施,必须清除干净后再拆除。

(13)附在架上的安全网要随架的拆除而逐步拆下,翻桥板要向下外倾,以防止杂物下落打破玻璃,翻板时要有专人负责安全警戒。

(14)拆除时不应碰坏门窗、玻璃、水落管、房檐瓦、地下明沟等物品。

(15)拆除烟囱、水塔外架时,严禁架料碰缆风绳,拆至缆风绳处方可解除该处缆风绳,不准提前解除。

7.5　脚手架的计算方法

7.5.1　脚手架方案选择

(1)架体的结构设计,力求做到结构安全可靠,造价经济合理。

(2)在规定的条件下和规定的使用期限内,能够充分满足预期的安全性和耐久性。

(3)选用材料时,力求做到常见通用,可周转利用,便于保养维修。

(4)结构选型时,力求做到受力明确,构造措施到位,升降搭拆方便,便于检查验收。

结合以上脚手架设计原则,同时结合工程的实际情况,综合考虑了以往的施工经验,决定采用哪种脚手架方案。

7.5.2   脚手架计算方法

(1)立杆的稳定性计算

立杆的稳定性计算公式:

$$\sigma = \frac{N}{\phi A} \leqslant [f]$$

式中:N —— 立杆的轴心压力设计值;

ϕ —— 轴心受压立杆的稳定系数,由长细比 l_0/i 查表得到;

i —— 计算立杆的截面回转半径(cm);

A —— 立杆净截面面积(cm^2);

W —— 立杆净截面抵抗矩(cm^3);

σ —— 钢管立杆抗压强度计算值(N/mm^2);

$[f]$ —— 钢管立杆抗压强度设计值;

l_0 ——计算长度(m)。

(2)扣件抗滑力的计算

按规范,直角、旋转单扣件承载力取值为 8.00 kN,按照扣件抗滑承载力系数 0.80,该工程实际的旋转单扣件承载力取值为 6.40 kN。

纵向或横向水平杆与立杆连接时,扣件的抗滑承载力按照下式计算:

$$R \leqslant R_c$$

式中:R_c——扣件抗滑承载力设计值,取 6.40 kN;

R——纵向或横向水平杆传给立杆的竖向作用力设计值。

7.6   模板工工种实训操作题

7.6.1   实训的教学目的与基本要求

架子工工程施工实训在第五学期进行,是在学生已经学习了"建筑材料""建筑结构""建筑力学""建筑测量""建筑施工技术"等课程后进行的生产性实训。目的是让学生通过现场施工操作,获得一定的施工技术的实践知识和生产技能操作体验,提高学生的动手能力,培养、巩固、加深、扩大所学的专业理论知识,为毕业实习、就业顶岗打下必要的基础。

学生可以先熟悉施工图纸、工程规范、施工质量检验评定标准,了解施工方案的工艺流程、施工方法和技术要求,以逐步适应工作的要求。

7.6.2   实训任务

本架子工工种施工实训的内容是建筑外脚手架,采用双排扣件式钢管脚手架,长度

12 m,高度 6 m。

7.6.3 实训工具和材料准备

1. 实训工具

（1）扳手

（2）塞尺、水平尺、卷尺、游标卡尺

（3）线锤

（4）经纬仪、水准仪

2. 实训材料

（1）钢管：外径 48 mm，壁厚 3.5 mm，长度分别为 6 m，3 m，1.5 m，数量根据实训内容确定（长度可以根据实验情况适度调整）。

（2）扣件：直角扣件、旋转扣件、对接扣件。

（3）底座：数量根据实训内容确定。

（4）竹脚手板：数量根据实训内容确定。

（5）安全网：面积根据实训内容确定。

7.6.4 实训步骤

（1）方案制定，依据法律、法规、标准、规范及文件、图纸等。

（2）脚手架平面布置图。

（3）材料工具的准备。

（4）脚手架的搭设方法。

放置纵向扫地杆，自角部起依次向两边竖立底杆，底端与纵向扫地杆扣接固定后，装设横向扫地杆并与立杆固定（固定立杆底端前，应吊线确保立杆垂直），每边竖起 3～4 根立杆后，随即装设第一步纵向水平杆（与立杆扣接固定）和横向水平杆（小横杆，靠近立杆并与纵向水平杆扣接固定），校正立杆垂直和水平使其符合要求，按 40～60 N·m 力拧紧扣件螺栓，形成脚手架的起始段，按上述要求依次向前延伸搭设，直至第一步架交圈完成。交圈后，再全面检查一遍脚手架质量和地基情况，严格确保设计要求和脚手架质量，设置连杆墙件（或加抛撑），按第一步程序和要求搭设第二小步、第三小步，随搭设进程及时装设连墙件和剪刀撑，装设作业层间横杆（在脚手架横向杆之间架设的、用于缩小铺板支撑跨度的横杆），铺设脚手板和装设作业层栏杆、挡脚板及密目网全封闭。

（5）脚手架交底与验收。

脚手架必须严格按照施工方案搭设，要有严格的技术交底，必须严格执行，所有偏差数值必须控制在允许范围内。

对已搭设好的脚手架按照搭设方案进行验收，验收时要有量化内容，如横、立杆的间距数值，立杆的垂直度，横杆的平整度等都应详细记载在验收记录当中，不能简单地用"符合要求"来代替。

（6）脚手架的拆除方法。

拆除顺序应遵守由上到下、先搭后拆、后搭先拆的原则，即先拆栏杆、脚手架、剪刀撑、斜撑,后拆小横杆、大横杆、立杆等,并按一步一清原则依次进行,严禁上、下同时进行拆除工作。拆架子的高空作业人员应戴安全帽,系安全带,穿软底鞋上架作业。

7.6.5 实训上交材料以及成绩评定

上交材料有脚手架成品、实训成绩考核评定表等。

实训成绩考核评定表见表 7-4。

表 7-4 架子工操作技能考核评定表

分组组号_____　　分组名单_____

成绩:

序号	考核内容	考核要点	配分	评分标准	检测结果	扣分	得分
1	施工交底	工具种类齐全(扳手等)	5	种类齐全			
		工具数量合理	5	误差±5%,超过不得分			
		场地平整	5	平整夯实			
		架子工材料准备以及质量	3	钢管的锈蚀、弯曲、压扁或裂纹等			
		可靠的排水措施	10	排水措施到位			
2	作业准备	脚手架的类型选择	10	针对工程概况选择合理类型			
		脚手架的方案选择	5	针对工程概况选择合理方案			
		脚手架的放线定位、垫块的放置	9	定位准确			
3	脚手架搭设	脚手架的绑扎和连接	5	选择合适的连接方式			
		脚手架的立杆垂直	5	数量和垂直度符合规范要求			
		脚手架的立杆的间距	8	数量和间距符合规范要求			
		脚手架大横杆和小横杆的水平度	10	数量和长度符合规范要求			
		脚手架大横杆和小横杆的间距	5	数量和长度符合规范要求			
4	安全措施	搭设是否符合规范安全要求	10	连接牢固和稳定			
5	其他	场地清理	5	设备、工具复位,试件、场地清理干净,有一处不合要求扣2分			
	合计		100				

评分人:　　　　年　月　日

课后思考题

1. 脚手架上的剪刀撑作用是什么?
2. 脚手架是否能与卸料平台连结?
3. 脚手架立杆顶端应高出屋面多少?
4. 单排脚手架的横向水平杆不应在什么部位设置?
5. 脚手架及其地基基础在哪些阶段应进行检查与验收?
6. 从事脚手架搭设人员应佩戴哪些防护用品?
7. 脚手架搭设使用的主要材料有哪些?
8. 单排脚手架的横向水平杆不应在什么部位设置?

项目8 建筑施工实训综合实训题

项目重点

现在的高等职业教育是提倡素质教育的时代,强调提高学生的综合素质,怎样提高学生的综合职业技能的素质尤为重要。但是目前的一些实训做法并不适应这一大趋势,具体表现为学生的技能训练单一,过分强调单一操作技能的重要性,没有训练学生的综合运用技能。

本章的实训内容比较综合化,可帮助学生锻炼如何综合运用各种知识解决问题的能力,使学生全面了解和掌握项目实体实施过程的每个细节。

8.1 选题一:操作台操作

8.1.1 实训的教学目的与基本要求

(1)通过墙体的砌筑,了解和掌握砌筑工的相关知识。

(2)通过砌筑完成墙体的抹灰,了解和掌握抹灰工的相关知识。

(3)通过板模板的设计与制作,了解和掌握模板工的相关知识。

(4)通过板钢筋的识图、配料、制作和绑扎,了解和掌握钢筋工的相关知识。

学生可以先熟悉施工图纸、工程规范、施工质量检验评定标准,了解施工方案的工艺流程、施工方法和技术要求,以逐步适应实训的要求。

8.1.2 实训任务

本选题的内容是操作台制作,具体内容如图8-1所示。

8.1.3 实训工具和材料准备

1. 实训工具

(1)木工铅笔、墨斗、钢丝刷子

(2)三角尺、水平尺、卷尺

(3)线锤、羊角锤

(4)手锯、木框锯、平刨、圆锯机

(5)钢筋切断机、钢筋弯曲机、卷扬机、调直机

(6)操作台、钢筋钩子、钢筋扳子、钢筋剪子

(7)砖(瓦)刀、钢筋夹具、砖夹子、扫帚

(8)铁锹、小灰槽、铁抹子、木抹子、小白线、线锤、托线板、软靠尺

(9)孔径5 mm筛子、手推车

（10）水勺、大桶、小灰槽

（11）木抹子、铁抹子、阴（阳）角抹子、塑料抹子

（12）2 m 靠尺板、八字尺、5～7 mm 厚方口靠尺

2. 实训材料

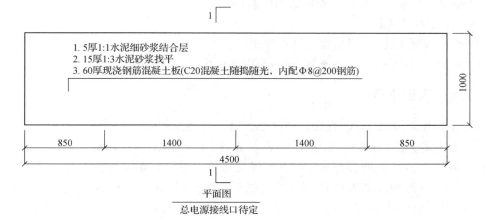

（a）平面图

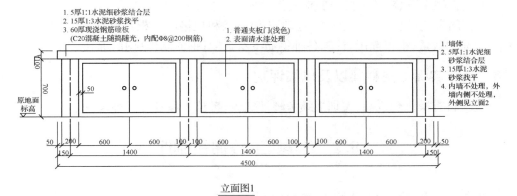

（b）立面图 1

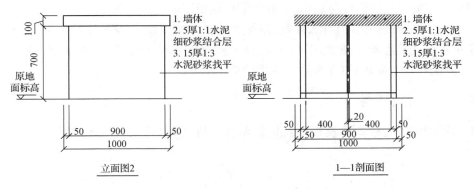

（c）立面图 2　　　　（d）剖面图

图 8-1　操作台平面图

（1）模板面板：2440 mm×1220 mm 或 1830 mm×915 mm 胶合板，数量根据实训内容确定。

（2）木方：40 mm×20 mm，作为模板龙骨料；75 mm×50 mm，作为模板支撑料。

（3）铁钉：数量根据实训内容确定。

（4）盘圆：直径 8 mm，数量根据实训内容确定。

（5）扎丝：实训室常备。

（6）普通混凝土砖：数量根据实训内容确定。

（7）水泥、砂：中砂，筛除杂土等，数量根据实训内容确定。

8.1.4　实训步骤

（1）墙体砌筑：据图放线、选砖排砖撂底、选砖、挂通线砌墙身、丁砖压顶。

（2）墙体抹灰：清理墙面及浇水，将墙面基层上的浮砂浆等松动砖块及凸出部分清理及凿去，再用水浇，除去墙面浮灰，并适当浇湿墙面；按抹灰墙面基层的表面平整及垂直情况，确定灰饼，控制抹灰厚度；墙面冲筋，根据上、下灰饼用水泥砂浆或混合砂浆抹出通长的垂直的冲筋；水泥砂浆护角，用水泥砂浆按护角图进行抹灰、90°角，每侧面宽 50 mm；抹灰。

（3）模板制作安装：学生按照要求制作模板。

（4）钢筋绑扎：根据构件配筋图，绘制各种形状和规格的单根钢筋简图并加以编号，标出各种钢筋的数量；根据简图，计算各种钢筋下料长度；钢筋制作；钢筋绑扎。

8.1.5　实训上交材料以及成绩评定

上交材料有操作台成品、实训成绩考核评定表，考核表参考各工种等。

8.2　选题二：楼梯板制作

8.2.1　实训的教学目的与基本要求

（1）通过板模板的设计与制作，了解和掌握模板工的相关知识。

（2）通过楼梯板钢筋的识图、配料、制作和绑扎，了解和掌握钢筋工的相关知识。

学生可以先熟悉施工图纸、工程规范、施工质量检验评定标准，了解施工方案的工艺流程、施工方法和技术要求，以逐步适应实训的要求。

8.2.2　实训任务

本选题的内容是楼梯板模板以及钢筋制作与绑扎，楼梯宽 1.2 m，具体内容如图8-2所示。

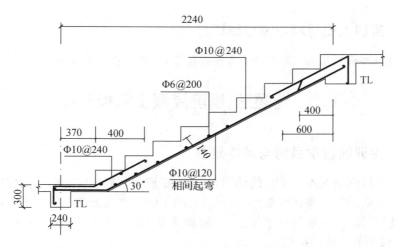

图 8-2   某钢筋混凝土楼梯剖面图

8.2.3   实训工具和材料准备

1. 实训工具

（1）木工铅笔、墨斗、钢丝刷子

（2）三角尺、水平尺、卷尺

（3）线锤、羊角锤

（4）手锯、木框锯、平刨、圆锯机

（5）钢筋切断机、钢筋弯曲机、卷扬机、调直机

（6）操作台、钢筋钩子、钢筋扳子、钢筋剪子

（7）钢筋夹具、扫帚

2. 实训材料

（1）模板面板：2440 mm×1220 mm 或 1830 mm×915 mm 胶合板，数量根据实训内容确定。

（2）木方：40 mm×20 mm，作为模板龙骨料；75 mm×50 mm，作为模板支撑料。

（3）铁钉：数量根据实训内容确定。

（4）盘圆：直径 8 mm，数量根据实训内容确定。

（5）扎丝：实训室常备。

8.2.4   实训步骤

（1）学生通过对施工图的识读，确定构件的形状以及尺寸，制定模板方案。根据模板方案以及施工图，列出模板以及相关材料的清单，进行备料。学生按照要求，在规定的时间内按相关操作要求进行制作安装，组内做好分工。制作安装顺序如下：搭设支撑立杆、水平杆→安装游托、主楞、次楞木方→调整标高→铺设平台板、梯段板多层板→底模验收→钢筋帮扎→斜板侧模、踏步立模安装。

（2）学生根据构件配筋图，绘制各种形状和规格的单根钢筋简图并加以编号，标出各种钢筋的数量；根据简图，计算各种钢筋下料长度；填写配料表；钢筋制作包括钢筋除锈、钢筋调直、钢筋切断、钢筋弯曲成型；钢筋绑扎；检查。

8.2.5 实训上交材料以及成绩评定

上交材料有楼梯板成品、实训成绩考核评定表,考核表参考各工种。

8.3 选题三:钢筋混凝土墙板制作

8.3.1 实训的教学目的与基本要求

(1)通过识读钢筋混凝土墙板的结构施工图,了解和掌握结构配筋节点构造的状况。

(2)通过钢筋混凝土墙板模板的设计与制作,了解和掌握模板工的相关知识。

(3)通过钢筋混凝土墙板钢筋加工,了解和掌握钢筋下料以及绑扎的具体过程以及要求,并熟悉普通钢筋连接的构造。

学生可以先熟悉施工图纸、工程规范、施工质量检验评定标准,了解施工方案的工艺流程、施工方法和技术要求,以逐步适应实训的要求。

8.3.2 实训任务

本选题的内容是钢筋混凝土墙板制作模板以及钢筋制作与绑扎,具体内容如图8-3所示。

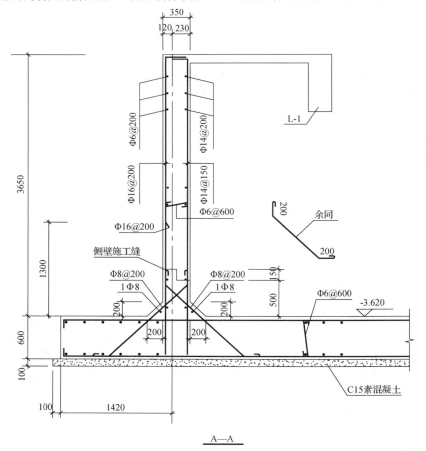

图 8-3 某钢筋混凝土墙板剖面图

8.3.3 实训工具和材料准备

1. 实训工具

（1）木工铅笔、墨斗、钢丝刷子

（2）三角尺、水平尺、卷尺

（3）线锤、羊角锤

（4）手锯、木框锯、平刨、圆锯机

（5）钢筋切断机、钢筋弯曲机、卷扬机、调直机

（6）操作台、钢筋钩子、钢筋扳子、钢筋剪子

（7）钢筋夹具、扫帚

2. 实训材料

（1）模板面板：2440 mm×1220 mm 或 1830 mm×915 mm 胶合板，数量根据实训内容确定。

（2）木方：40 mm×20 mm，作为模板龙骨料；75 mm×50 mm，作为模板支撑料。

（3）铁钉：数量根据实训内容确定。

（4）盘圆：直径 8 mm，数量根据实训内容确定。

（5）扎丝：实训室常备。

8.3.4 实训步骤

（1）学生通过对施工图的识读，确定构件的形状以及尺寸，制定模板方案。根据模板方案以及施工图，列出模板以及相关材料的清单，进行备料。学生按照要求，在规定的时间内按相关操作要求进行制作安装，组内做好分工。制作安装顺序如下：放线→钢筋绑扎→安装一侧模板→安装支撑→插入穿墙螺栓及套管→安装另一侧模板及支撑→调整模板位置→紧固穿墙螺栓→固定支撑→检查校正。

（2）学生根据构件配筋图，绘制各种形状和规格的单根钢筋简图并加以编号，标出各种钢筋的数量；根据简图，计算各种钢筋下料长度；填写配料表；钢筋制作包括钢筋除锈、钢筋调直、钢筋切断、钢筋弯曲成型；钢筋绑扎；检查。

8.3.5 实训上交材料以及成绩评定

上交材料有楼梯板成品、实训成绩考核评定表，考核表参考各工种。

附表1 材料、设备进场使用报验单

材料、设备进场使用报验单

工程名称：_____   编号：A3.2 ___—_____

致：_____（监理单位） 兹报验： 　□ 1 材料进场使用。 　□ 2 构配件进场使用。 　□ 3 工程设备进场使用/开箱检查。 　□ 4 名称：_____采购单位：_____拟用部位：_____附件（共_____页）： 　□ 清单（如名称、产地、规格、数量等）、样品。 　□ 出厂合格证、质保书、准用证。 　□ 检测报告、复试报告。 　□ 其他有关文件。 本次报验内容系第_____次报验，届时本项目经理部以完成自检工作且资料完整，并呈报相应资料。 　　　　　　　　　　　　　　　承包单位项目经理部（章）：_____ 　　　　　　　　　　　　　　　　　项目经理：_____ 日期：_____

项目监理机构签收人姓名及时间		承包单位签收人姓名及时间

监理审查意见： 　□ 同意。　　　□ 不同意。 _____ _____ _____ 　　　　　　　　　项目监理机构（章）：_____ 　　　　　　　　　专业监理工程师：_____ 日期：_____

注：1. 承包单位项目经理部应提前提出本报验单，需复试合格才能使用的，应在复试合格后签批。
　　2. 大型设备开箱检查设计单位代表应参加。

附表 2 扣件式钢管脚手架验收表

扣件式钢管脚手架验收表

工程名称				
施工单位			项目负责人	
分包单位			分包负责人	
施工执行标准及编号				
验收部位：		搭设高度/m	材质型号	

序号	检查项目	检查内容与要求	实测实量实查	验收结果
一	施工方案	搭设单位应取得脚手架搭设资质，架子工持证上岗		
		脚手架搭设前必须编制施工组织施工，审批手续完备		
		搭设高度 50 m 以下脚手架应有连墙杆、立杆地基承载力设计计算；搭设高度超过 50 m 时，应有完整设计计算书		
		立杆、大横杆、小横杆间距符合设计和规范要求		
		必须设置纵横扫地杆并符合要求		
二	立杆基础	基础经验收合格，平整坚实与方案一致，有排水设施		
		立杆底部有底座或垫板符合方案要求并应准确放线定位		
		立杆没有因地基下沉悬空的情况		
三	剪刀撑与连墙杆	剪刀撑按要求沿脚手架高度连续设置，每道剪刀撑宽度不小于 4 跨（6 m），角度 45°～60°		
		按方案要求设置连墙拉结点：高度在 50 m 以下的双排架和高度在 24 m 以下的单排架每根连墙杆覆盖面积 $\not>$ 40 m²；高度在 50 m 以上的双排架每根连墙杆覆盖面积 $\not>$ 27 m²		
		高度超过 24 m 以上的双排脚手架必须用刚性连墙杆与建筑物可靠连接		
		高度在 24 m 以下宜采用刚性连墙件与建筑物可靠连接，亦可采用拉筋和顶撑配合使用的附墙连接方式		

续表

四	杆件连接	步距、纵距、横距和立杆垂直度搭设误差符合规范要求；相邻立杆接驳口须错开不小于 500 mm,除顶层可采用搭接外,其余接头必须采用对接扣件连接		
		大横杆搭接长度不小于 1 m,等间距设置 3 个旋转扣件固定		
		纵、横水平杆根据脚手板铺设方式与立杆正确连接		
		扣件紧固力矩控制在 40～65 N·m		
五	脚手板与防护栏杆	施工层满铺脚手板,其材质符合要求		
		脚后板对接接头外伸长度 130～150 mm,脚手板搭接接头长度应大于 200 mm,脚手板固定可靠		
		脚手架施工层搭设不低于 1.2 m 高的防护栏杆和 180 mm 的挡脚板,并用密目安全网防护		
六	材质	脚手架材质符合方案或计算书中要求		
		禁止钢木(竹)混搭		
		材质(钢管及扣件)有出厂质量合格证		
		使用的钢管无裂纹、弯曲、压扁、锈蚀		
七	架体安全	脚手架外立杆内侧满挂密目式安全网封闭		
		施工层脚手架内立杆与建筑物之间用平网或其他措施防护,并符合方案要求		
八	通道	架体已设上下通道(斜道),坡度宜采用 1∶3		
		防滑条间距不大于 250～300 mm,有防护栏杆及挡脚板,并符合规范要求		
九	卸料平台	卸料平台承重量已经设计计算		
		卸料平台不得与脚手架连接,必须与建筑物拉结		
		已挂设平台限载标志牌		

验收结论:

年   月   日

验收人签名	总包单位	分包单位	

监理单位意见:

专业监理工程师: 年   月   日

附表 3　施工现场质量管理检查记录表

工程名称			施工许可证			
建设单位			项目负责人			
设计单位			项目负责人			
监理单位			总监理工程师			
施工单位		项目负责人			项目技术负责人	
序	项目	施工单位自查记录		监理（建设）单位检查记录		
1	现场质量管理制度					
2	质量责任制					
3	主要专业工种操作上岗证书					
4	分包方资质与对分包方管理制度					
5	施工图审查意见					
6	地质勘察资料					
7	施工组织设计、施工方案及审批					
8	施工技术标准					
9	工程质量检验制度					
10	搅拌站及计量设置					
11	现场材料、设备存放与管理					
12						
参加检查单位	建设单位		监理单位	施工单位		质量监督检查
	结论： 项目负责人（签字） 年　月　日		结论： 总监理工程师 （签字） 年　月　日	结论： 项目负责人（签字） 年　月　日		结论： 项目负责人（签字） 年　月　日

附表4　模板工程检验批质量验收记录

模板工程检验批质量验收记录

工程名称			分项工程名称										
验收部位			施工单位										
项目负责人		专业工长			施工班组长								
施工执行标准及编号													
质量验收规范的规定		施工单位检查评定记录			监理（建设）单位验收记录								
主控项目	1. 支架	4.2.1条											
	2. 隔离剂	4.2.2条											
一般项目	1. 轴线位置												
	2. 底模上表面标高												
	3. 截面内部尺寸	基础											
		梁、柱、墙											
	4. 层高垂直度												
	5. 相邻两板表面高低差												
	6. 表面平整												
	7. 预埋钢板中心线位置												
	8. 预埋管、预留也孔中心线位置												
	9. 插筋	中心线位置											
		外露长度											
	10. 预埋螺栓	中心线位置											
		外露长度											
	11. 预留洞	中心线位置											
		尺　寸											
	12. 起拱												

共实测　　　点,其中合格　　　点,不合格　　　点,合格点率　　　%

施工单位检查评定结果	项目专业质量检查员：　　　　　　项目专业质量（技术）负责人： 年　月　日
监理（建设）单位验收结论	监理工程师（建设单位项目技术负责人）： 年　月　日

附表5　砖砌体工程检验批质量验收记录

砖砌体工程检验批质量验收记录

工程名称			分项工程名称			
验收部位			施工单位			
项目负责人			专业工长		施工班组长	
施工执行标准及编号						
质量验收规范的规定			施工单位检查评定记录			监理(建设)单位验收记录
主控项目	1. 砖强度等级必须符合设计要求					
	2. 砂浆强度等级符合设计要求					
	3. 砖砌体转角处和交接处下应同时砌筑					
	4. 留槎正确,接结筋应符合规范规定		留槎正确,拉结筋按设计和规范进行设置			
	5. 砂浆饱满度					
	6. 轴线位移					
	7. 垂直度	每层				
		全高				
一般项目	1. 组砌方法应正确		符合设计和施工规范要求			
	2. 水平灰缝厚度宜为8～12mm					
	3. 基础顶面、楼面标高					
	4. 表面平整度	清水墙柱				
		混水墙柱				
	5. 门窗洞口高宽(后塞口)					
	6. 外墙上下窗口偏移					
	7. 水平灰缝平直度	清水墙柱				
		混水墙柱				
	8. 清水墙游丁走缝					
共实测　　点,其中合格　　点,不合格　　点,合格点率　　%						
施工单位检查评定结果	项目专业质量检查员:　　项目专业质量(技术)负责人:　　年　月　日					
监理(建设)单位验收结论	监理工程师(建设单位项目技术负责人):　　　　　　　　年　月　日					

附表6 一般抹灰工程检验批质量验收记录

一般抹灰工程检验批质量验收记录

工程名称			分项工程名称			
验收部位			施工单位			
项目负责人		专业工长		施工班组长		
施工执行标准及编号						

质量验收规范的规定				施工单位检查评定记录	监理(建设)单位验收记录
主控项目	1. 基层表面应干净,洒水润湿				
	2. 材料的品种、性能,砂浆的配合比符合设计要求,水泥凝结时间、安全性复验合格				
	3. 抹灰应分层;当抹灰厚度≥35 mm应采取措施;不同材料基体交接处应采取防裂措施;当采用加强网时,加强网与基体搭接宽度≥100 mm				
	4. 抹灰层与基层及抹灰层之间黏结牢固,抹灰层无脱层、空鼓,面层应爆灰和裂缝				
一般项目	1. 护角、孔洞、槽、盒周围的抹灰表面应整齐、光滑;管道后面的抹灰表面应平整				
	2. 抹灰层总厚度符合设计要求;水泥砂浆不得抹在石灰砂浆层上;罩面石膏灰不得抹在水泥砂浆层上				
	3. 抹灰分格缝的调协符合设计要求,宽度和深度应均匀,表面光滑,棱角整齐				
	4. 有排水要求的部位应做滴水线(槽)。滴水线(槽)整齐顺直,滴水线内高外低,滴水槽宽度、深度≥10 mm				
		普 通	高 级		
	5. 抹灰表面				
	6. 立面垂直度				
	7. 表面平整度				
	8. 阴阳角方正				
	9. 分格条(缝)直线度				
	10. 墙裙、勒角上口直线度				

共实施　　点,其中合格　　点,不合格　　点,合格点率　　%

施工单位检查评定结果	项目专业质量检查员:　　　　项目专业质量(技术)负责人:　　　　　年　月　日
监理(建设)单位验收结论	监理工程师(建设单位项目技术负责人):　　　　　　　　　　　年　月　日

参考文献

[1] 李万胜,林圣源. 模板工小手册[M]. 北京中国电力出版社,2006.

[2] 杜荣军. 建筑施工脚手架实用手册(含垂直运输设施)[M]. 北京:中国建筑工业出版社,1994.

[3] 中国建筑科学研究院. 建筑施工扣件式钢管脚手架安全技术规范:JGJ 130—2011[S]. 北京:中国建筑工业出版社,2011.

[4] 叶雯,周晓龙. 建筑施工技术[M]. 北京:北京大学出版社,2010.

[5] 靳晓勇. 钢筋工[M]. 北京:化学工业出版社,2008.

[6] 周序洋. 砌筑工技能[M]. 北京:机械工业出版社,2007.

[7] 侯君伟. 抹灰工手册. 建筑工人技术系列手册[M]. 3版. 北京:中国建筑工业出版社,2006.

[8] 魏文彪. 架子工[M]. 北京:机械工业出版社,2011.

[9] 广州市建筑集团有限公司. 建筑施工工艺标准[S]. 北京:中国建筑工业出版社,2006.

[10]《建筑施工手册》编写组. 建筑施工手册[M]. 5版. 北京:中国建筑工业出版社,2013.

[11] 卢秀梅. 建筑施工综合实训[M]. 北京:机械工业出版社,2008.

[12] 国家职业资格培训教材编审委员会//李永生. 钢筋工(中级)[M]. 北京:机械工业出版社,2007.

[13] 杨澄宇,周和荣. 建筑施工技术与机械[M]. 2版. 北京:中国建筑工业出版社,2016.

[14] 中国建筑科学研究院. 建筑施工脚手架安全技术统一标准:GB 51210—2016[S]. 北京:中国建筑工业出版社,2016.

[15] 土木建筑职业技能岗位培训教材编写组. 钢筋工(第一版)[M]. 北京:中国建筑工业出版社,2003.

[16] 汤振华. 钢筋工(第一版)[M]. 北京:中国环境科学出版社,2003.

[17] 马玫. 钢筋工(第一版)[M]. 北京:中国城市出版社,2003.

[18] 中国建筑科学研究院. 建筑工程施工质量验收统一标准:GB 50300—2013[S]. 北京:中国建筑工业出版社,2013.

[19] 中国建筑科学研究院. 混凝土结构工程施工质量验收规范:GB 50204—2015[S]. 北京:中国建筑工业出版社,2014.

[20] 韩明. 土木工程建设监理[M]. 天津:天津大学出版社,2002.